beck**'sche**
reihe

bsr

Inhalt

Vorwort von Monika Schulz-Strelow 9

Weniger ist mehr. Über die düsteren Karriereaussichten attraktiver Blondinen 13

Fahrer dringend gesucht! Wenn im Weltbild des Chauffeurs die Topmanagerin gar nicht vorkommt 21

Verkehrte Welt. Warum für Sekretärinnen ein männlicher Chef das einzig Wahre ist 27

Unter tollen Hechten. Warum von weiblicher Selbstkritik in Beurteilungsgesprächen dringend abzuraten ist 33

Beichtgeheimnisse. Über meine Rolle als Kummerkasten 40

Wünsch dir was! Wenn fachliche Kriterien bei der Besetzung von Praktikantenstellen nur eine Nebenrolle spielen 44

Einsame Spitze. Warum die Partnersuche von Topmanagerinnen meistens ergebnislos verläuft 47

Feel it! Wenn Bauchentscheidungen betriebswirtschaftlich positiv zu Buche schlagen 53

Mittenmang. Warum in mir als Chefin kein Alphatier steckt 57

Vorsicht, Falle! Warum eine weibliche Führungskraft für die Herren Kollegen das «Mädchen für alles» bleibt 62

So lonely. Warum mich auf Geschäftsreisen meine Abenteuerlust verlässt 66

Ohne Belang? Warum die Herren beim Small Talk lieber unter sich sind 70

Gratwanderung. Warum weder Abstinenz noch exzessives Trinken für Frauen im Management eine Option darstellen 74

Achtung! Wilde Tiere! Wie ich in aggressiv geführten Verhandlungen mit meinen eigenen Waffen kämpfe 79

«Alles meins!» Über die Abhängigkeit des männlichen Selbstwertgefühls von Statussymbolen 84

Mensch bleiben. Vom Umgang mit «Humankapital» **89**

Versuch vorläufig gescheitert. Über mein ergebnisloses Bemühen, der Uniformität des dunklen Zwirns einen eigenen Kleidungsstil entgegenzusetzen **93**

Tonstörung. Gilt die Höflichkeitsordnung auch in der Führungsetage? **99**

Brüsseler Spitzen. Mein Auslandsjahr als Spießrutenlauf **104**

«Ich bin doch nicht blöd!» Warum ich nicht alles nehme, was ich kriegen kann **110**

Ene mene mu – und raus bist du! Warum die Quote für Frauen mit Karriereabsichten so wichtig ist **118**

All they need is love. Vom Rahmenprogramm externer Tagungen, das vor allem die Herren erfreut **124**

Siehe Anhang. Warum mein Partner nicht so recht ins Damenprogramm passen will **129**

Sex fails. Warum es nur Frauen ohne jede Ausstrahlung bis nach ganz oben schaffen **133**

Manege frei! Wie ich versuche, im Macht-
spiel meiner Kollegen zu bestehen **138**

Majestätsbeleidigung. Verhandeln im
Schwarzmeerraum **143**

Ein Kind? Wenn sich die Familienplanung
im Geheimen abspielt **149**

Ein Kind! Wie ich verhindern will, dass der
Nachwuchs unfreiwillig mein Karriereende
einläutet **152**

Zum Schluss 159

Vorwort

von

Monika Schulz-Strelow, Präsidentin FidAR e.V. –
Frauen in die Aufsichtsräte

«Ganz oben» ist ein erstrebenswertes Ziel für geübte Berg-
bezwinger und auf der Karriereleiter; wenn nur die Luft
dort oben nicht so dünn wäre und manchen das freie Atmen
schwerfällt, und dies nicht nur wegen des fehlenden Sauer-
stoffs, sondern auch wegen der gelebten Führungsstile der
vorwiegend von männlichen Managern besetzten «Gipfel-
positionen».

Es gelten dort andere Gesetzmäßigkeiten. Frauen, wie die
lieber anonym bleibende Autorin des vorliegenden Buches,
wundern sich häufig, wie die beruflich ebenfalls sehr ein-
gespannten Kollegen auch noch ausreichend Zeit für die immer noch weitverbreiteten Präsenzrituale und die subtilen
Machtspielchen aufbringen. Da die deutschen Unternehmen nach wie vor weitgehend von Männern dominiert geführt werden, können sich solche teils anachronistisch anmu-
tenden Verhaltensweisen, wie sie in diesem Buch beschrie-
ben werden, noch unverändert als Managementstil halten.
Die Frage, ob die hier skizzierten Situationen als Einzelfall
einzustufen sind, würde ich gerne bejahen; doch vermute ich
stark, dass in vielen Unternehmen die erlebte Arbeitswelt
noch von vielen Ausgrenzungen dieser Art geprägt ist.

9

Welche Veränderungen in der Unternehmenskultur sind notwendig, damit eine Managerin, die Episoden aus ihrem Arbeitsalltag beschreibt, dies unter ihrem Namen veröffentlichen kann? Was hindert sie daran? Sind es die Konsequenzen innerhalb des Unternehmens, weil die Beschreibung der gelebten Führungskultur nicht immer schmeichelhaft für die Firma ist? Ginge es ihr besser, wenn sie auf der Führungsebene, auf der sie agiert, mehr Kolleginnen hätte, mit denen sie sich austauschen könnte? Würden sie und ihre Kolleginnen die Kommunikationskultur verändern können, sodass alle die gleiche Wertschätzung erfahren, unabhängig vom Geschlecht? Diese und weitere Fragen drängen sich mir beim Lesen auf.

Aus der Distanz wirkt die Beschreibung der verschiedenen Episoden aus dem Unternehmensalltag der Autorin so, als würden wir eine Zeitreise 30 Jahre rückwärts antreten. Gerne hätten wir ein anderes Bild vom modernen deutschen Unternehmen gespiegelt bekommen. Denn wir möchten doch bestätigt sehen, dass die vielen Untersuchungen und Erkenntnisse über effizientes Management, zum Beispiel die Vorteile von gemischten Teams, die die besten Eigenschaften der männlichen und weiblichen Mitglieder zum Einsatz bringen, in den Leitungsetagen umgesetzt wurden und zu deutlichen Veränderungen geführt haben. Hat Deutschland den Anschluss verpasst?

Umso dringender erscheint es, dass Unternehmen ihre eigene Unternehmenskultur auf den Prüfstand stellen, besonders wenn sie als Arbeitgeber interessant bleiben wollen für weibliche Talente. Junge Frauen schauen sich heute sehr viel genauer die Unternehmen an, bei denen sie sich bewerben. Von außen wirken die Unternehmen teils schon sehr aufgeräumt, transparent und offen – doch innerhalb der

10

Mauern scheinen sich tradierte Verhaltensmuster noch weiter zu behaupten.

Die 2001 eingegangene freiwillige Selbstverpflichtung der Unternehmen, mehr Frauen in Führungspositionen zu bringen, hat ihr Ziel deutlich verfehlt und nur marginale Veränderung gebracht. Auch die entscheidenden Gremien sind noch weiterhin männerdominiert. In den Aufsichtsräten der börsennotierten deutschen Unternehmen sind erst 15 % weibliche Aufsichtsräte vertreten, wobei die überwiegende Anzahl von den Vertreterinnen der Arbeitnehmerseite gestellt wird. So die nicht sehr ermutigenden Analysen und Rankings des *Women on Board Index,* mit dem FidAR e.V. seit fast zwei Jahren die Veränderung in der Zusammensetzung der Führungsgremien misst und veröffentlicht. Bei den Vorständen der 160 börsennotierten Unternehmen sieht es noch kritischer aus, da sind es gerade sechs Prozent weibliche Vorstände, die die Geschicke der Unternehmen mitbestimmen. Von den 160 Unternehmen befinden sich 47 noch in der komplett frauenfreien Zone, das heißt weder eine Frau im Aufsichtsrat noch im Vorstand.

Aber es gibt durchaus Verbesserungen. Nur dürften diese nicht vorrangig auf die Einsicht der Unternehmenslenker zurückzuführen sein. Es ist wohl eher der Druck der drohenden Quote, den FidAR und andere Frauenverbände, Teile der Politik, die EU-Kommission und die intensive Berichterstattung in den Medien unerschrocken mit aufgebaut haben. Zur deutlichen Beschleunigung der stärkeren Berücksichtigung von Frauen in Führungspositionen dürfte nur die vielfach geschmähte, in anderen europäischen Ländern jedoch erfolgreich eingeführte Quote beitragen.

Bei einer globalen wirtschaftlichen Vernetzung ist es für die Reputation deutscher Unternehmen nicht gerade förderlich, wenn Frauen in Spitzenpositionen weiter fehlen. Doch mit einigen Vorzeigefrauen ist es nicht getan. In manchen Unternehmen vernehmen wir fast ein leises, aber unüberhörbares Stöhnen «Jetzt haben wir Frauen in die Positionen gebracht, jetzt gebt Ruhe!» Aber ändert sich das Betriebsklima nicht, fehlen weiterhin Wertschätzung und Kollegialität, dann können sich Frauen auch ganz schnell wieder aus solchen Unternehmen verabschieden.

Um die neuen Herausforderungen der gemeinsamen Unternehmensentwicklung ernsthaft anzugehen, braucht es innovative Manager und mutige Frauen, die eine gemeinsame Sprache sprechen und sich auf gleicher Augenhöhe begegnen.

Viel Zeit bleibt den Unternehmen nicht mehr, denn der Kampf um die Talente wird härter und Frauen werden als «Wirtschaftsfaktor» immer bedeutsamer. Die dazu notwendigen Veränderungen müssen gewollt sein, von oben vorgegeben, vorgelebt und auf allen Ebenen umgesetzt. Wir brauchen Unternehmen, denen es wichtig ist, für Frauen akzeptable Rahmenbedingungen zu schaffen. Auch das gehört zum verantwortungsvollen Handeln. Und wir bauen auf starke Frauen, die ihre neue «Vorbildfunktion» ernst nehmen und sich dazu auch öffentlich bekennen. Daher wünsche ich mir, dass «Anonyma» ihr nächstes Buch unter ihrem Namen veröffentlichen wird. Auch könnten die positiven Veränderungen in der Unternehmenskultur so weitreichend sein, dass sie eine Fortsetzung des Buches überflüssig machen. Das wäre sehr wünschenswert – erscheint mir aber derzeit wenig realistisch. Trotzdem machen wir uns jetzt auf den Weg nach «Ganz oben»!

Weniger ist mehr

Über die düsteren Karriereaussichten attraktiver Blondinen

Eine schöne und attraktive Frau zu sein gilt im Leben nicht unbedingt als Nachteil, für den beruflichen Aufstieg in die Führungsetagen deutscher Wirtschaftsunternehmen stellt sehr gutes Aussehen jedoch oft ein Hindernis dar.

Ich bin 1,75 m groß, nicht wirklich schlank und habe kurz geschnittenes, dunkles Haar. Ich finde mich durchaus nicht hässlich, entspreche aber mit meinem Aussehen nicht den klassischen oder stereotypen Kategorien weiblicher Schönheit. Das wird mir besonders dann bewusst, wenn ich mit Kolleginnen auf Dienstreise bin. Sind besonders hübsche Frauen darunter, drehen sich wildfremde Männer nach ihnen um, sprechen sie an, halten ihnen die Tür auf. Ich löse solche Reaktionen bei Männern in der Regel nicht aus und bleibe doch nicht unbemerkt. Meine 1,75 m Körperlänge und meine eher kräftige Statur sorgen dafür, dass man mich wahrnimmt. Ich falle durch meine Körperlichkeit auf, ohne bei fremden Männern sofort das Interesse an mir als Frau zu wecken. Anders ausgedrückt, sieht man in mir nicht primär die Frau, sondern mehr eine ernst zu nehmende, weil körperlich sehr präsente Person. Solche Einschätzungen laufen bei den Männern natürlich nicht bewusst ab; selbstverständlich würde keiner von ihnen behaupten wollen, eine große und starke Frau mehr ernst zu nehmen als eine, die eher klein und dünn ist. Und doch entspricht genau das der Wahrheit. Ich werde wahrgenommen, wenn ich einen Raum betrete, nicht weil ich ungewöhnlich schön bin, sondern weil ich durch meine Physiognomie auffalle.

Für meine Karriere war es ein unschätzbarer Vorteil, so auszusehen, wie ich aussehe. Dadurch, dass ich eher groß und nicht zu schmal bin, vermittle ich allein optisch, dass ich mich durchsetzen kann. Durch meine Körpergröße begegne ich den männlichen Kollegen im ganz konkreten Sinne auf Augenhöhe, ohne sie zu überragen. Das alles läuft ab, bevor überhaupt das erste Wort auf der inhaltlichen Ebene gewechselt wurde. Allein durch meine körperliche Beschaffenheit werde ich erst mal als gleichwertig ernst genommen, ohne auf der anderen Seite bei den meisten Männern an ihrem Selbstwertgefühl zu kratzen, was dann eintreten kann, wenn eine Frau sie alle überragt. Mit hohen Absätzen sieht es schon wieder anders aus. Bin ich dann größer als mein Gesprächspartner, schafft das eine unangenehme Atmosphäre. Man mag mich dann nicht. High Heels trage ich daher selten, was manchmal schade ist, denn auch ich interessiere mich durchaus für schöne Schuhe. Der dann kleinere Mann fühlt sich in meiner Anwesenheit nicht wohl. Ich merke das besonders, wenn kontrovers über etwas diskutiert wird. Er gibt dann häufig den dominanten Kollegen, der versucht, durch aggressives und lautes Gebaren den Raum zu erobern, der ihm körperlich nicht zufällt. Gerne bedient sich der kleinere Mann dann einer eindeutigen Körpersprache, er plustert sich auf, setzt den ausgestreckten Zeigefinger ein und verwendet harte Gesten. Eher schüchterne kleinere Männer vermeiden den direkten Blickkontakt mit mir.

Heißt das nun, dass die Fähigkeit, sich in einem von Männern geprägten beruflichen Umfeld durchsetzen zu können, an eine bestimmte körperliche Statur gekoppelt ist? Wie verhält es sich mit Frauen, die Karriereabsichten verfolgen und vielleicht nur 1,60 m groß sind? Ich verstehe es eher so, dass eine gewisse Größe und Statur auf dem Weg in die Führungsetage einen Vorteil bedeuten, den man sich als Frau nicht erkämpfen muss. Er stellt so etwas wie ein Startkapital dar, das förderlich sein kann auf dem Weg nach oben. Für kleine oder sehr große Frauen bedeutet das nicht, dass ihnen die Karriere nur aufgrund ihrer Statur versagt bleiben muss. Vor allem kleinere Frauen müssen sich anders behaupten und versuchen, den fehlenden rein körperlichen Eindruck ihrer Person durch ein entsprechend durchsetzungsstarkes Verhalten auszugleichen. Sehr große Frauen haben hingegen häufig das Problem, sich unbewusst kleiner machen zu wollen. Ich habe sehr große Frauen erlebt, die eine Art Buckelhaltung entwickelt haben, um das männliche Gegenüber nicht nonverbal zu brüskieren, indem sie ihm signalisieren: «Ich bin größer als du.» Ihr Körper wird zu einem Fragezeichen verformt, dessen Wirkung desaströs ist. Eine extrem große Frau, die sich körperlich verbiegt, um damit von den Männern gemocht zu werden, kann sich sicher sein, im Beruf nicht voranzukommen. Im Hinblick auf ihre Außenwirkung ist eine aufrechte Körperhaltung wichtig, um zu signalisieren, dass sie sich nicht versteckt und sich durchsetzen kann. Das Problem, dass sich viele Männer in ihrer Gegenwart körperlich unwohl fühlen, wird sie hingegen nicht lösen können. Dabei ist dieses Problem kleiner Männer grundsätzlich nicht auf die Gegenwart sehr großgewachsener Frauen beschränkt. Viele unterdurchschnittlich kleine Männer werden sich neben viel größeren Männern ebenfalls nicht gut fühlen, zu denen sie im Gespräch immer hochschauen müssen. Nur ist dieses Empfinden im Verhältnis zu größeren Frauen sehr viel intensiver und schwieriger. Ein kleiner Mann mag sich durch einen hochgewachsenen Mann in gewisser Weise weniger maskulin fühlen, durch eine sehr große Frau als Gegenüber empfindet er das doppelt stark. Ich glaube nicht, dass es bei den männlichen Führungskräften einen bestimmten Typ Mann gibt, der durch seine Statur und Körpergröße geradezu prädestiniert dafür ist, in der Unternehmenshierarchie nach oben zu steigen. Im Grunde sind die Männer, die an der Spitze deutscher Industrieunternehmen stehen, äußerlich recht verschieden, wenn auch extrem kleine oder außergewöhnlich große Männer seltener vertreten sind. Für Frauen gilt das so nicht. Hinsichtlich ihrer Statur ist ihr Spielraum kleiner. Eine gewisse Körpergröße hilft ihnen, Karriere zu machen. Ist sie nicht da, muss ihr Auftreten das kompensieren. Meine eigene Körpergröße hat mir insofern geholfen, dass die Männer in der Regel nicht zu mir hochschauen müssen und mich doch als sehr präsent wahrnehmen.

Neben der Körpergröße hat die Schönheit einen erheblichen Einfluss auf die Karriereaussichten einer Frau. Ist Schönheit hilfreich oder nicht auf dem Weg nach oben? Ich habe oft miterlebt, nach welchen Kriterien männliche Führungskräfte Praktikumsplätze vergeben. Vermittelte eine Bewerberin über ihr Foto den Eindruck, ausnehmend sexy zu sein, wurde sie Mitbewerbern mit vergleichbarer Eignung vorgezogen, und ihre Anwesenheit löste unter den Männern der Abteilung eine freudige Dauererregung aus, wenn denn das Foto nicht zu viel versprochen hatte. Schönheit hilft sicher – bei der Besetzung von Praktikanten- oder Traineestellen. Da hört es dann aber auch schon auf, denn ein besonders schönes Aussehen stellt oft ein Hindernis dar für Frauen, die wirklich Karriere machen wollen. In dem

Unternehmen, in dem ich tätig bin, arbeitete eine junge Frau, die schlank, blond und besonders attraktiv war. Ihre Anziehungskraft auf viele Männer war offensichtlich, und diese hielten mit ihrem Urteil über sie nicht zurück: «Nimm du sie in deine Abteilung, dann darf ich auch mal, denn in der eigenen Abteilung kommt das nicht gut» war eine von vielen sexistischen Bemerkungen, die unverhohlen geäußert wurden. Man umgab sich gerne mit der hübschen blonden Frau, doch ich habe starke Zweifel, ob es ihr je gelingen kann, bis in die Führungsetage eines Unternehmens aufzusteigen. Das «Problem» von auffallend schönen Frauen ist es, von den Männern auf den optischen Eindruck reduziert zu werden und bei ihnen andere Wünsche zu wecken, die mit der Tätigkeit im Unternehmen nicht das Geringste zu tun haben. Man sieht in einer sehr schönen Frau ein potenzielles Objekt der sexuellen Begierde und denkt daher bei ihrem Anblick nicht an ihre fachliche Kompetenz. Es hat den Anschein, als ob viele Männer schöne Frauen immer noch auf ihre körperliche Attraktivität reduzieren (wollen). Ihr Anblick und ihre Anwesenheit lösen bei Männern gemeinhin Gedanken aus, die mit den beruflichen Anforderungen in keiner Verbindung stehen. Eine sehr hübsche Frau muss es also schaffen, diese Gedanken beim Mann quasi zu neutralisieren, indem sie den Fokus des Mannes allein auf die Kompetenzebene zieht. Frauen, deren Schönheit oder Weiblichkeit weder positiv noch negativ auffällt, bei denen sich Männer körperlich nicht herausgefordert fühlen, haben es viel leichter, Karriere zu machen. Sie können sofort ihre Kompetenz in den Vordergrund stellen. Eine Frau, die von den männlichen Kollegen als gänzlich unattraktiv oder etwa burschikos eingestuft wird, hat hingegen ebenfalls große Schwierigkeiten, in die Chefetage aufzusteigen. Ganz offensichtlich löst ihr Äußeres bei den Männern intuitiv eine ablehnende Haltung aus. Ich erkläre mir das dadurch, dass Männer sich diese Frauen immer auch als potenzielle Sexualpartner vorstellen und diese Vorstellung für sie derart prägend ist, dass sie die Ablehnung auf den beruflichen Bereich übertragen. Um ein außergewöhnlich schönes Äußeres im Umgang mit männlichen Kollegen in den Hintergrund zu drängen, braucht es sehr viel Kompetenz. Je attraktiver eine Frau ist, desto weniger Kompetenz wird ihr vom Mann erst mal zugetraut.

Nun kann man sich natürlich fragen, ob alle Frauen genug unternehmen, um dieser Falle zu entgehen, die sie auf ein Objekt der Begierde ihrer männlichen Kollegen reduziert. Ich beobachte oft, dass Frauen eine gewisse Koketterie im persönlichen Umgang mit Männern an den Tag legen und ihre Weiblichkeit bewusst in den Vordergrund spielen. Vermutlich gefällt es ihnen, umworben zu werden, sich bewundert zu fühlen und sich vielleicht auch von anderen Frauen abzuheben, denen einen solche Aufmerksamkeit nicht zuteilwird. Die eigene Attraktivität kann von der Frau unter Umständen auch als Mittel eingesetzt werden, sich inhaltliche Zustimmung zu besorgen. Wer sein Frausein aber auf diese Art und Weise betont, kann nicht damit rechnen, auf der Karriereleiter ganz weit nach oben zu steigen, bezahlt man es doch mit einem Verlust an fachlicher Anerkennung. Frauen, die sich darauf dauerhaft einlassen, riskieren, ebenso dauerhaft nicht ernst genommen zu werden. Dabei ist es für eine schöne Frau nicht einfach, auf Avancen von Männern so zu reagieren, dass sie ihre eigenen Interessen wahrt. Eine brüske Zurechtweisung ist ebenso ausgeschlossen wie ein Sich-Einlassen auf die Annäherungsversuche, und reagiert sie frech, kann das bei Männern erotisierend wirken. Ihre einzige Möglichkeit ist es, konsequent auf der Kompetenzebene zu bleiben und zu hoffen, dadurch auf Dauer anders wahrgenommen zu werden.

Frauen dürfen auch in großen Industrieunternehmen schön sein – wenn sie es schaffen, dass der Mann, wenn er mit ihnen spricht, nicht an «Frau» denkt, sondern er darüber nachdenkt, was sie sagt. Mit Männern zu flirten oder zweideutige Anspielungen zu machen ist einer sehr attraktiven Frau nicht anzuraten, der Mann könnte es als Einladung betrachten, ihr auf eine andere Ebene zu folgen, die das Karriereende für sie bedeuten kann. Ich kann mir als eine Frau, die dem Stereotyp «Traumfrau» nicht entspricht, im Gespräch mit den Männern in dieser Hinsicht mehr erlauben, ich kann verbal weiter gehen als andere, da ich diese Ebene durch mein Aussehen bei ihnen nicht anspreche.

Nun ist nicht jede Schönheit natürlich. Wenn man einmal davon absieht, dass extrem körperbetonte oder nachlässige Kleidung ebenso wie wenig seriös wirkende Haarfarben und Frisuren für Männer und Frauen, die in Wirtschaftsunternehmen beschäftigt sind, grundsätzlich nicht zur Disposition stehen, ist doch der Fall denkbar, dass sich eine Frau ihre Haare hellblond färben möchte, einfach, weil es ihr gefällt. Ich habe selbst feststellen können, dass sich das Verhältnis der Männer mir gegenüber allein durch eine hellblonde Haarfarbe veränderte. Ich erinnere mich gut an eine Begegnung mit einem Kollegen, der mich begrüßen wollte und dann mitten im Satz stockte, mich von oben bis unten musterte und kaum noch in der Lage war, ein normales Gespräch mit mir zu führen. Er bemerkte, wie hübsch ich doch aussähe, dass mir der Aufenthalt im Ausland offenbar guttue und ich mich doch sehr verändert hätte. Nie war dieser Kollege so häufig in meinem Büro wie in den folgenden Tagen …

Hellblond, tiefschwarz, feuerrot sind Haarfarben, die Männerphantasien wecken können. Auch die Haarlänge kann eine Rolle spielen. Entscheidet man sich für langes Haar und will trotzdem ganz nach oben, muss man sein Verhalten wiederum so steuern, dass der optische Eindruck in den Hintergrund tritt. Gleiches gilt natürlich auch für Frauen, die von Natur aus eine als attraktiv empfundene Haarfarbe haben. Hellblonde Frauen müssen einfach mehr Kräfte mobilisieren. Im Gegensatz zum privaten Leben haben sie es im Beruf schwerer, nicht leichter. Kleidung und Haare können Ausdruck eines eigenen Stils sein, auf den man nicht verzichten muss, wenn man in einem Unternehmen der deutschen Wirtschaft als Frau Karriere machen möchte. Je weiter man sich aber äußerlich dem Idealbild annähert, das viele Männer sich von Frauen machen, desto schwerer und kraftaufwendiger ist der Weg.

In meiner Firma gab es einen Fall, in dem eine attraktive Frau aufgrund ihrer fachlichen Kompetenz für einen vakanten Posten in Frage gekommen wäre. Ihr Vorgesetzter war von ihren Fähigkeiten durchaus überzeugt, aber er hat die Frau trotzdem nicht vorgeschlagen mit dem Argument, sie lenke nur die ganzen Männer der Abteilung ab und werde darüber hinaus von diesen nicht ernst genommen, denkbar schlechte Voraussetzungen für eine Führungskraft.

Dass ich als Frau in eine Führungsposition gekommen bin, verdanke ich natürlich meiner fachlichen Kompetenz, aber eben auch meinem Aussehen: Männer sehen in mir weniger die Frau, sondern den gleichwertigen Gesprächspartner. Im Prinzip muss man als Frau ein Mann sein, um Karriere zu machen, doch man darf sich keinesfalls so verhalten wie ein Mann. Man muss es schaffen, als Frau geschlechtsneutral betrachtet zu werden und trotzdem die Kompetenzen, die man als Frau mitbringt, einzubringen. Dann kann es funktionieren.

Fahrer dringend gesucht!

Wenn im Weltbild des Chauffeurs die Topmanagerin gar nicht vorkommt

Führungskräfte haben in unserem Unternehmen ab einer bestimmten Ebene Anspruch darauf, dass die firmeneigene Garage ihre Fahrzeuge wöchentlich wäscht und im Falle von Reparaturen oder einer Inspektion zur Werkstatt bringt und wieder abholt. Damit der Arbeitsalltag der Manager möglichst wenig durch diese Dinge beeinträchtigt wird, hat die Garage einen Autoschlüssel und erledigt die anfallenden Serviceleistungen tagsüber. Abends steht das Gefährt dann blitzblank und mängelfrei wieder auf dem Parkplatz.

Führungskräfte dieser Ebenen können ebenfalls auf die Dienste von Fahrern zurückgreifen, wenn sie etwa zu ungünstiger Zeit am Flughafen sein müssen oder der Rückflug ein anderes Ziel hat.

Zum Kreis dieser Führungskräfte gehöre ich qua meiner Funktion im Unternehmen. Von den damit verbundenen Privilegien wusste ich allerdings jahrelang nichts. Bei Stellenantritt wurde ich darüber, sei es absichtlich oder unabsichtlich, nicht informiert. In einem Gespräch mit einer Sekretärin eines gleichrangigen Kollegen erfuhr ich zufällig davon. Diese fragte mich verwundert, wie ich es denn mit der wöchentlichen Autowäsche handhaben würde, wenn die Garage keinen Schlüssel meines Firmenwagens besitze. Ich erklärte, immer dann nach Feierabend eine normale Waschstraße aufzusuchen, wenn mir der Pflegezustand meines Autos nicht mehr akzeptabel erscheine. Ungläubiges Staunen. «Und Sie bezahlen das aus eigener Tasche?»

Nun habe ich meinen Berufsalltag auch ohne Inanspruchnahme dieser Vorrechte ganz gut im Griff gehabt. Wenn unser damaliger Chef uns nicht aufgefordert hätte, die Dienste speziell der Fahrer in Hinblick auf die Sicherung ihrer Arbeitsplätze vermehrt zu nutzen, hätte ich mich vermutlich erst mal nicht an die Garage gewandt. Die Argumentation meines Vorgesetzten leuchtete mir ein, die nächste Fahrt zum Flughafen stand an, und ich versicherte mich noch eben kurz bei meinem Chef, ob ich für diese Fahrt einen Wagen in Anspruch nehmen könnte. Unbedingt, so seine Antwort. Also rief meine Sekretärin in der Garage an, um einen Wagen mit Chauffeur zu bestellen:

– Frau A braucht am nächsten Mittwoch einen Wagen mit Fahrer.
– Mittwoch? Das wird schwierig. Wir haben ziemlich viele Anfragen.
– Es ist aber dringend. Bitte versuchen Sie es.
– Die Nutzung eines Autos mit Fahrer ist nur bestimmten Ebenen vorbehalten. Frau A ist meines Wissens nicht auf dieser Ebene tätig.
– Doch, ist sie.
– Ja, aber Mittwoch sieht es schlecht aus.

Mein Chef, den ich kurz darauf traf, erkundigte sich beiläufig, ob es denn mit der Bereitstellung des Wagens geklappt habe. «Es ist etwas schwierig, die Garage weigert sich irgendwie.» Es genügte ein Anruf meines Chefs, und der Wagen mit Fahrer stand am besagten Mittwoch bereit.

Der Fahrer entschuldigte sich gleich für die Probleme, die es bei der Bestellung gegeben hatte, schickte aber hinterher, er habe eben auch wichtigere Fahrten mit höherer Priorität, und die Nutzung des Fahrdienstes stehe nun mal nur bestimmten Ebenen zur Verfügung, und er wisse ja, dass ich nicht auf dieser Ebene tätig sei und er deshalb …

– Genau auf dieser Ebene bin ich.

– Nein, die Ebene, die Anspruch auf einen Wagen mit Chauffeur hat, das sind zum Beispiel Herr X oder Herr Y. (Zur Unterstützung seiner These führte er Beispiele von anspruchsberechtigten männlichen Führungskräften ins Feld.)

– Das sind meine Kollegen.

– Dann ist das aber noch nicht lange so. Sind Sie neu in dieser Funktion?

– Nein, ich mache das schon ein paar Jahre.

– Ein paar Jahre? Dann müssen Sie mich entschuldigen, das habe ich nicht gewusst.

Irgendwie war mir nach diesem ganzen Hin und Her schon ein bisschen die Lust vergangen, mich auch nur irgendwohin fahren zu lassen, aber ich sagte mir, dass die Missverständnisse ja wohl nur auf Unkenntnis beruhen hätten und die Reservierung eines Wagens in Zukunft sicher stressfreier ablaufen würde.

Doch Pustekuchen. Es gibt jedes Mal Theater. Wichtige andere Fahrten stehen meinem Wunsch entgegen, die Garage kann es nie versprechen, es sei grad zu viel zu tun … Meine Sekretärin, die die angeführten Entschuldigungen ebenso unglaubhaft fand wie ich, rief einmal an und bestellte einen Wagen für einen männlichen Kollegen. Gar kein Problem, man trage es ein.

Mittlerweile klappt es immerhin einigermaßen, dass auch mein Auto hin und wieder durch die Garage gereinigt wird.

Für weitere Serviceleistungen gilt das nicht. Den Reifen-wechsel beispielsweise organisiere ich in meiner Freizeit. Fällt der Garage bei der Autowäsche auf, dass am Auto etwas kaputt ist, wird das Fahrzeug meiner männlichen Kollegen sofort von der Garage zur Werkstatt gebracht und nach erfolgter Reparatur wieder dort abgeholt. Der Gedanke, der aus Unternehmenssicht dahintersteht, ist der, dass die Zeit der Führungskräfte zu wertvoll und auch zu teuer ist, als dass sie sich auch noch um diese «profanen» Dinge kümmern sollten. Ich hingegen werde von der Garage anders behandelt. Nach einer der letzten Autowäschen erhielt ich einen Anruf von der Garage:

«Ein Marder war in Ihrem Motorraum. Er scheint ein paar Kabel angeknabbert zu haben. Ich rate Ihnen, zeitnah in die Werkstatt zu fahren und das in Ordnung bringen zu lassen.» Ich hätte antworten sollen: «Sorgen Sie doch bitte dafür, und bringen Sie mir den Wagen anschließend wieder zurück.» Ich habe geantwortet: «Okay, vielen Dank für den Hinweis. Ich kümmere mich darum.»

Ich vermeide also die Auseinandersetzung, habe Scheu vor der Diskussion, fordere nicht ein, was mir eigentlich zusteht. Kein Mann an meiner Stelle würde sich hier in Zurückhaltung üben. Aus Sicht meiner männlichen Kollegen handelt es sich bei diesen Dienstleistungen ganz einfach um einen Job, der gemacht werden muss, fertig. Ich weiche zurück, lasse mich ausbremsen und nehme es hin, dass man mich ablaufen lässt. Warum reagiere ich so?

Mein Problem ist es, dass ich ungeheure Schwierigkeiten habe, diese Dienstleistungen überhaupt in Anspruch zu nehmen. Ich habe als eine von wenigen Beschäftigten des Unternehmens das Privileg, mein Auto waschen und mich chauffieren zu lassen. Dadurch trennt mich etwas von der Mehrheit der Mitarbeiter, es stellt mich über sie. Genau in dieser Rolle fühle ich mich nicht wohl. Das gilt ganz genauso für das Verhältnis zum Fahrer, der ja auch Autowäscher ist. Jemand, der mein Auto waschen muss, rangiert so viele Gehaltsstufen unter mir, dass ich den Abstand deutlich fühle und mir das unangenehm ist. Mein Unbehagen liegt vielleicht auch an der Art der Tätigkeiten. In der Abteilung Aufgaben an meine Mitarbeiter zu delegieren ist für mich ein ganz normaler Vorgang, doch mein Auto waschen zu lassen, mich fahren zu lassen, das benutzte Geschirr abräumen zu lassen, das sind Arbeiten, die in früheren Zeiten Dienstboten erledigt haben. Natürlich ist die Stellung einer Sekretärin, die auch mal den Tisch abräumt oder Kaffee kocht, oder die des Garagisten, der das Fahrzeug reinigt und mich zum Flughafen fährt, nicht mit der Stellung eines Dienstboten vergleichbar, aber doch fühle ich mich so, als ob es so wäre, wenn ich andere mit diesen Aufgaben betraue. Dieses Gefühl ist mir sehr unangenehm, während Kollegen, die wie ich über diese Vorrechte verfügen, davon ohne Scheu Gebrauch machen. Vielleicht ist für sie der Genuss des Privilegs sichtbares Zeichen dafür, es geschafft zu haben, oben angekommen zu sein. Sich mit Fug und Recht über andere erheben zu können, nehmen sie als positiv und bestätigend wahr, während ich damit große Probleme habe.

Ich kann es grundsätzlich nicht ertragen, den eigenen Stand im Gegensatz zu anderen deutlich herauszustellen. Mir missfällt es, wenn der Boden in der Businessclass nach der Landung kreuz und quer mit gelesenen Zeitungen bedeckt ist. Daraus spricht für mich: «Räumt es weg, es ist euer Job.» Ich mag es nicht, das Hotelzimmer in chaotischem Zustand zu hinterlassen und damit dem Zimmermädchen zu signalisieren: «Ich habe für das Zimmer und das Aufräumen danach bezahlt, also sieh zu, dass du es wieder in Ordnung bringst.»

Vielleicht liegt es an meiner Herkunft und Erziehung, dass ich anderen ungern vermeintlich «niedere Arbeiten» zumuten möchte. Es liegt nicht daran, dass ich diese Arbeiten nicht schätze. Ich schätze jede Arbeit, die der Toilettenfrau bis zu der des Managers. Es fällt mir nur unwahrscheinlich schwer, diese «einfacheren» Tätigkeiten durch andere verrichten zu lassen. Vielleicht ist jemand, der es von Kindesbeinen gewohnt ist, dass gewisse Arbeiten zu Hause von Hilfen erledigt werden, da unverkrampfter. Ich habe dadurch das Gefühl, eine herausgehobene Stellung zu haben, und mag das nicht. Die Tatsache, dass ich außerdem um diese Privilegien kämpfen muss, um sie überhaupt in Anspruch nehmen zu können, während sie meinen männlichen Kollegen ganz selbstverständlich angeboten werden, erhöht die Hemmschwelle für mich noch ein Stück weiter. Könnte ich den besonderen Service nutzen, ohne mich jedes Mal langwierig dafür rechtfertigen zu müssen, fiele es mir sicher leichter. Und anstatt ein für alle Mal unmissverständlich klarzustellen, dass ich in vollem Umfang anspruchsberechtigt bin, ducke ich mich weg. Der Fahrer, der mich wiederholt abgewiesen hatte, reagierte nur meinem Verhalten entsprechend und bestätigte mich dadurch in meiner eigenen Wahrnehmung. Wer bin ich auch, dass andere mein Auto wienern und mich herumkutschieren sollen, sagte ich mir. «Das darf nicht jede Ebene» – da hörst du es, es steht dir nicht zu. Für den Fahrer war eine Frau im Topmanagement, die genau wie die Männer das Privileg hat, sich fahren zu lassen, neu. Meine unklare Art, seiner abwartenden Skepsis zu begegnen, hat ihn nur in seiner Meinung bestärkt, dass nicht sein kann, was nicht sein darf.

Verkehrte Welt

Warum für Sekretärinnen
ein männlicher Chef das einzig Wahre ist

Ob es mit dem Aufstieg in die Führungsetage geklappt hat, bemisst sich unter anderem daran, ob man eine Sekretärin hat. Diese kümmert sich um ALLE Dinge, die es ihrem Chef erleichtern, sich ganz auf seine Arbeit im Interesse des Unternehmens zu konzentrieren. Sekretärinnen pflegen den Kalender, buchen Flüge und Hotels, bereiten Meetings so vor, dass Kaffee und Kekse bereitstehen, und verleugnen den Chef auch mal, wenn ein Anruf ungelegen kommt. Ihre Tätigkeit beschränkt sich aber beileibe nicht auf das Unternehmen betreffende Vorgänge; Sekretärinnen erinnern den Vorgesetzten ebenso an seinen bevorstehenden Hochzeitstag und besorgen unter Umständen auch das passende Geschenk, sie vereinbaren für ihn Arzttermine, weisen darauf hin, dass die Anzüge aus der Reinigung abgeholt werden müssen, und kümmern sich, falls nötig, um die Anlieferung der Waschmaschine, die der Chef bestellt hat. Möchte dieser seine Frau mit einem Kurzurlaub überraschen, ohne die Zeit zu finden, diesen entsprechend vorzubereiten, springt die Sekretärin ein und sorgt dafür, dass ein Flug gefunden und ein Hotel reserviert wird. Dass diese Omnipräsenz der Sekretärin die Gattin des Chefs nicht immer erfreut, leuchtet ein.

Die persönliche Sekretärin hat also den vollen Einblick in fast alle Lebensbereiche ihres Chefs. Gerade das bereitete mir aber einiges Kopfzerbrechen, als ich auf der Führungsebene ankam, auf der mir eine Sekretärin zustand. Es war mir nicht wohl bei dem Gedanken, dass eine mir recht fremde Person alles von mir wissen sollte. Unter meinen Kalendereinträgen waren hin und wieder auch solche privater Natur, und es gefiel mir überhaupt nicht, dass ein Außenstehender sehen sollte, mit wem ich mich in meiner Freizeit treffe oder wen ich wann anrufen wollte. Die Offenlegung von allzu Privatem ist mir unangenehm, und ich möchte nicht, dass meine Sekretärin zum Beispiel genau weiß, warum ich an welchem Tag bei welchem Arzt bin. Ich habe den Eindruck, dass Männer in diesem Punkt weniger Scheu zeigen. Ich öffnete meinen Account jedenfalls am Anfang nicht für meine Sekretärin, die mich daraufhin ansprach und mich ihrer absoluten Diskretion versicherte. Seitdem liest sie jeden Tag meine Mails, was mir meine Arbeit natürlich erheblich erleichtert; ein Gefühl des Unwohlseins ist aber geblieben. Auch erstreckt sich ihre Tätigkeit in aller Regel nicht auf die Organisation meines Privatlebens. Ich denke selbst daran, dass ich ein Geburtstagsgeschenk für meinen Freund kaufen muss, und plane auch meine Urlaubsreisen alleine. Ich kann diese Dinge selbst erledigen und mache es. Ein männlicher Chef könnte diese Dinge auch selbst erledigen, er lässt es aber durch seine Sekretärin tun. Das ist für ihn ebenso normal wie es für mich unmöglich ist.

Ich versuche, meiner Sekretärin keine Aufgaben zu übertragen, die ich gut selbst erledigen kann. So hole ich mir morgens meine Tasse Kaffee selbst aus der Küche, während es für jeden Mann in meiner Position ganz selbstverständlich ist, dass ihm der Kaffee von seiner Sekretärin serviert wird, sobald er im Büro ist. Er muss nicht einmal ausdrücklich darum bitten, die Sekretärin bringt ihm den Kaffee von sich aus. Ich hole ihn mir selbst, aber meine Sekretärin würde ihn mir aus eigenem Antrieb auch nicht bringen. Ich könnte sie darum bitten und gleichzeitig an ihrer Körpersprache und Mimik ablesen, wie sie darüber denken würde: Was bildet die sich eigentlich ein? oder: Der würde auch kein Zacken aus der Krone fallen, wenn sie sich ihre Tasse Kaffee selbst holte!, wären Gedanken, die ich bei ihr vermuten würde. Dabei entspringt ihre Zurückhaltung, mir den Kaffee an den Schreibtisch zu bringen, nicht etwa Böswilligkeit. Es scheint vielmehr so zu sein, dass für viele Frauen ein männlicher Chef eher der «natürlichen Rangfolge» entspricht und damit einer Idee, die über Jahrtausende den Mann als das dominante Wesen ansah. Männer werden in der Konstellation Chef–Sekretärin anders behandelt als ihre weiblichen Pendants auf der Führungsebene, doch sie lassen es auch zu, sich bedienen zu lassen. Ich als Frau erfahre diese Art von Behandlung nicht, trage aber durch mein Verhalten selbst auch dazu bei, dass der Unterschied bestehen bleibt.

«Ich hätte gerne einen Kaffee» oder «Ich möchte, dass Sie nach dem Meeting nachher den Tisch abräumen» sind Sätze, die ich nur sehr selten an meine Sekretärin herantrage. Für einen Mann in vergleichbarer Position ist es gänzlich normal, derartige Wünsche an seine Sekretärin zu richten. Ich habe versucht zu verstehen, warum mir das so schwerfällt. Vielleicht liegt es zum Teil daran, dass es sich bei diesen Aufgaben um vermeintlich typisch weibliche Tätigkeiten handelt. Vielleicht ist es mir als Frau intuitiv unangenehm, eine andere Frau mit diesen Aufgaben zu betrauen und damit ein Stück weit das tradierte Frauenbild zu bedienen, in dem das Kaffeekochen und das Aufräumen Tätigkeiten von Frauen sind. Für mich selbst ist diese Art von Zurückhaltung nicht immer förderlich im Hinblick auf meine Stellung als Chefin einer großen Abteilung. Indem ich bestimmte, auch autoritäre Verhaltensweisen nicht zeige, die von einem Chef in der Regel erwartet werden, nehmen meine Mitarbeiter mich nicht so wahr, wie es bei einem männlichen Vorgesetzten der Fall wäre.

Das treibt mitunter die schönsten Blüten. Vor einiger Zeit kamen innerhalb der Abteilung Diskussionen über den Zustand unserer Teeküche auf, die jeder benutzte, aber niemand aufräumte. Die Sekretärin wurde daraufhin beauftragt, einen Plan zu erstellen, nach dem die einzelnen Mitarbeiter unserer Abteilung im Wechsel für das Aufräumen der Küche zuständig waren. Ich war dann doch einigermaßen überrascht, auf der fertigen Liste ausschließlich die Namen der weiblichen Mitarbeiterinnen zu finden und mich unter ihnen. Innerlich stellte ich mir zwei Fragen: Wieso befinden sich die Namen der männlichen Mitarbeiter nicht auf der Liste? und: Was mache ich als Chefin auf dem Putzplan? Laut formulierte ich aber nur die erste der beiden Fragen und versäumte es damit, meine Autorität zu unterstreichen. Ein männlicher Chef würde sich auf keinem Putzplan der Welt wiederfinden, und viele der mir unterstellten männlichen Mitarbeiter denken nicht im Traum daran, mit dafür zu sorgen, dass die Küche in einem akzeptablen Zustand verbleibt. Was die weitere Entwicklung in unserem konkreten Fall betraf, so haben wir die Idee eines verbindlichen Plans wieder aufgegeben. Wann immer ich zu einer kurzen Pause in der Küche bin und mir etwa die volle Spülmaschine mit den vielen sauberen Tassen auffällt, räume ich sie selbstverständlich aus. Mir ist durchaus bewusst, dass ich dadurch dazu beitrage, dass mir meine Mitarbeiter mit weniger Respekt begegnen als einem männlichen Vorgesetzten, der sich von allen seiner Funktion nicht entsprechenden Arbeiten fernhält.

Ich habe mehrfach beobachtet, dass Frauen offenbar dazu neigen, «mitanzupacken», und so beispielsweise die leeren Tassen schnell abräumen, die nach einer Besprechung von den männlichen Kollegen auf dem Tisch zurückgelassen werden. Dieses Verhalten, das anderswo wohl als Zeichen einer guten Erziehung interpretiert wird, kann bei Führungskräften zu einem Verlust an Respekt seitens ihrer Mitarbeiter führen. Manche Frauen in Führungspositionen scheinen das zu erkennen. Ich beobachte, dass einige von ihnen ihre Tassen auch mal stehen lassen, wohlwissend, wozu es gut ist.

Wenn ich mein Büro nach einem Meeting abends spät verlasse und das benutzte Geschirr sich noch morgens auf meinem Besprechungstisch türmt, obwohl meine Sekretärin eine Stunde früher im Büro ist als ich, denke ich, dass sie doch eigentlich von selbst darauf hätte kommen müssen, für Ordnung zu sorgen, und ich bin auch ein bisschen verärgert. Das Problem dabei ist nur, dass ich es beim Denken belasse. Ein Mann würde sehr klar formulieren, dass er für die Zukunft erwarte, morgens in ähnlicher Situation einen aufgeräumten Tisch vorzufinden. Da, wo ich meiner Sekretärin höflich und respektvoll gegenüber auftrete oder meinem Unmut keinen Ausdruck verleihe, wählt der Mann den direkten Weg und kommt sofort ans Ziel. Vermutlich ist für ihn die Hierarchie so deutlich, dass er sich darüber, wie seine Erwartungen an seine Sekretärin bei dieser angekommen, überhaupt keine Gedanken macht. Er hat diese Hierarchie verinnerlicht, ich reflektiere sie andauernd.

Wenn man aus dem bisher zum Thema Gesagten nun schließen würde, dass sich eine Sekretärin in der Zusammenarbeit mit einer weiblichen Vorgesetzten wohler fühlt als mit einem Mann als Chef, so ist das vermutlich falsch. Viele Männer in Führungspositionen sind ohne ihre

Sekretärin verloren, und das Wissen darum sorgt bei der Sekretärin dafür, dass sie sich gut fühlt. «Ohne mich ist er aufgeschmissen, ich bin genauso wichtig wie er» fasst ihre Empfindungen ganz gut zusammen. Sie weiß, wo die entsprechenden Ordner zu finden sind, sie kann den italienischen Kaffeevollautomaten bedienen, sie hat die Flüge und Hotels für die nächste Geschäftsreise gebucht – ist sie einmal im Urlaub oder krank, finden sich viele Männer nicht zurecht, da sie es gewohnt sind, dass ihnen die Dinge vorbereitet und vorgelegt werden. Die Sekretärin eines Mannes ist unersetzlich, und sie ist sich dessen bewusst. Das macht den Job für viele Sekretärinnen zu einer Erfüllung. Meine Sekretärin bekommt diese Gefühle durch ihre Tätigkeit nicht. Ob sie im Büro ist oder nicht, ich kriege es hin. Sie entlastet mich, aber ich bin nicht von ihr abhängig. Das weiß ich, und das weiß sie auch.

Unter tollen Hechten

Warum von weiblicher Selbstkritik in Beurteilungsgesprächen dringend abzuraten ist

Alle Jahre wieder setze ich mich mit jedem Einzelnen meiner Mitarbeiter zusammen, um mit ihm über seine Leistungen in den vergangenen zwölf Monaten zu sprechen. Die Reflexion darüber erfolgt auf der Basis von gemeinsam festgelegten Zielen, die wir im vorausgegangenen Beurteilungsgespräch festgelegt haben. Als Vorbereitung auf das Gespräch prüfen wir beide getrennt, in welchem Maße die definierten Ziele erreicht wurden, indem wir für jedes Ziel auf einer von 1 bis 5 abgestuften Skala eine Bewertung abgeben. Die Beurteilung der im Job geleisteten Arbeit ist dabei kein Selbstzweck, denn von diesen Gesprächen hängt ab, ob und in welcher Höhe der Mitarbeiter mit einer Gehaltserhöhung rechnen kann.

Männer, deren Leistung ich als ihre Vorgesetzte zu beurteilen habe, sind fast immer der Meinung, Bestnoten in allen Zielbereichen verdient zu haben. In den allermeisten Fällen liegen sie mit ihrer Einschätzung der eigenen Leistungen höher als ich. Von Selbstzweifeln nicht geplagt, blicken sie auf ein Jahr zurück, in dem sie sich mit ihrer Leistung dauerhaft im Zenit bewegten. Besser geht nicht. Lief es an einer Stelle miserabel und weise ich in unserem Gespräch vorsichtig darauf hin, werde ich darüber belehrt, dass mein Gegenüber zwar optimal und unermüdlich an einem Problem gearbeitet habe, doch von ihm nicht zu vertretende Umstände ihn das Ziel nicht erreichen ließen; andere Abteilungen, ebenfalls in den Sachverhalt involviert, hätten nicht so gespurt wie gewünscht, administrative oder technische Widrigkeiten seien aufgetaucht, kurzum, es habe einfach nicht in der Hand meines Mitarbeiters gelegen, die Angelegenheit zu einem guten Ende zu führen.

Frauen, mit denen ich ein Beurteilungsgespräch führe, sehen sich selbst meistens sehr kritisch. Die Noten, die sie vorschlagen, rangieren oft unter den meinigen. Bin ich der Auffassung, dass in Hinblick auf ein definiertes Ziel die Bestnote angemessen ist, nehmen Frauen das nicht als Bestätigung für ihre gute Arbeit zur Kenntnis, sondern versuchen im Gegenteil, mir die besonders positive Bewertung geradezu auszureden. Eigentlich, so höre ich dann von meiner Mitarbeiterin, sei der Erfolg doch nur teilweise eigener Verdienst, da andere sie immer unterstützt hätten, und darüber hinaus erinnere sie sich an Situationen, in denen der Weg zum Ziel sehr holprig gewesen sei. Man hätte es also noch besser machen können, und die Note 2, so wird mir nahegelegt, beschreibe die gezeigte Leistung sehr viel angemessener als die Bestnote, «denn so gut war es ja nun wirklich nicht».

Der himmelweite Unterschied, der das Verhalten von Frauen und Männern im Beurteilungsgespräch kennzeichnet, prägt natürlich auch die sich anschließende Diskussion über eine mögliche Gehaltserhöhung. Männer überziehen wahnsinnig. Sie trauen sich nicht nur, nach viel Geld zu fragen, sie scheinen auch davon überzeugt zu sein, dass sich eine Gehaltserhöhung in dieser Höhe aus ihrer außergewöhnlich guten Leistung geradezu zwingend ergibt. Ich habe einen Fall in Erinnerung, in dem einem Mitarbeiter in einem Jahr eine Gehaltserhöhung versagt blieb, weil er nach vielen großen Gehaltssprüngen der vergangenen Jahre mit seinem Gehalt so weit vor gleichrangigen Kollegen lag, dass man diese erst einmal ein wenig zu ihm aufschließen lassen wollte. Er hatte in den letzten Jahren viel gefordert und viel bekommen und sollte nun ein Jahr aussetzen, um Kollegen, die ebenso gut arbeiteten wie er, zu ermöglichen, sich an sein Gehalt zumindest heranzutasten. Der Betreffende, dem man die Gründe für den einmaligen Verzicht auf mehr Geld transparent kommunizierte, verlor jegliche Contenance. Er drehte schlicht durch und versuchte mit allen Mitteln, auf allen Ebenen bis hin zur Geschäftsführung seinem Gefühl der ungerechtfertigten Schmähung Ausdruck zu verleihen. Obwohl er letztlich ohne Erfolg blieb, hat sein aggressives Auftreten doch sicherlich dazu geführt, dass sich jeder Vorgesetzte, der es künftig mit ihm zu tun hat, ganz genau überlegen wird, ob er nicht seiner Forderung nach mehr Geld im vertretbaren Rahmen nachkommt und sich damit den ganzen Ärger erspart, der ihm bei einer Ablehnung gewiss ist.

Es wird niemanden überraschen, dass Frauen im Gespräch über Gehaltserhöhungen sehr bescheidene Vorstellungen haben. Viele Frauen fragen von sich aus nicht einmal danach. Wenn ich ihnen mitteile, dass aus meiner Sicht eine Gehaltserhöhung in einer bestimmten Höhe gerechtfertigt ist, nehmen sie das erfreut zur Kenntnis, verhandeln aber nicht über die Höhe der Summe. Immerhin versuchen sie nicht, mir die Gehaltserhöhung grundsätzlich auszureden … Manche Frauen nennen von sich aus einen bestimmten Betrag, der grundsätzlich einen Bruchteil von dem darstellt, was Männer sich vorstellen. Um es an einem Beispiel etwas konkreter zu machen: In vergleichbarer Position fordern

Männer € 1000,– und mehr, während ihre weiblichen Kolleginnen in zurückhaltender Weise € 200,– ins Gespräch bringen.

Verlässt ein Mitarbeiter das Unternehmen und hat er dadurch Anspruch auf ein Arbeitszeugnis, zeigt sich dieses Muster der ganz anderen Selbsteinschätzung von Männern und Frauen auch dort. Ich bitte die aus der Firma ausscheidenden Personen immer darum, einen Textvorschlag vorzugeben, den ich bei der Erstellung des Arbeitszeugnisses berücksichtige, sofern er meinem eigenen Empfinden nicht gänzlich widerspricht. Frauen stellen natürlich auch ihre Stärken heraus, doch lassen sie in ihren Formulierungen erkennen, dass sie sich eigener Schwächen durchaus bewusst sind. Wenn ich den Textentwurf eines Mannes lese, bin ich oft sprachlos. Es wimmelt nur so von Übertreibungen, der ganze Text ist eine grenzenlose Lobhudelei auf die eigene Person. Der Mann, ständig im Einsatz an den Schaltstellen der globalen Wirtschaft. Der Mann, das quasi gottgleiche Wesen. Auf einen solchen Text richtig zu reagieren ist schwer. Die geballte Wucht der zum Ausdruck kommenden Vollkommenheit des Sich-selbst-Beschreibenden erschlägt mich jedes Mal. Wenn ich, noch bemüht, das gezeichnete Bild zumindest etwas zu korrigieren, darauf verweise, dass die eine oder andere Formulierung die Wirklichkeit im Nachhinein doch allzu rosig erscheinen lasse, beiße ich auf Granit. Ich werde dann umgehend aufgefordert, konkrete Situationen anzuführen, die geeignet seien zu belegen, warum er mit seiner Formulierung denn falsch liege. Zögere ich mit meiner Antwort auch deshalb, weil der Grund dafür, einer Aufgabe nicht optimal gerecht geworden zu sein, nicht unbedingt faktischer Natur sein muss, drängt er mich immer weiter mit dem Rücken zur Wand. Irgendwann strecke ich die Waffen, unfähig, unter diesem Druck zu reflektierten

Einwänden zu kommen. Es bleibt dann im Wesentlichen bei der vom Mitarbeiter vorgeschlagenen Bewertung. Na also, er war eben doch der Beste. Was hier arg nach Schwarz-Weiß-Malerei klingt, ist nichtsdestotrotz in deutschen Unternehmen Realität. Deswegen sind Frauen aber keineswegs die besseren – oder bescheideneren – Menschen. Sie scheinen nur noch nicht verinnerlicht zu haben, dass allein ein forderndes Auftreten zum Erfolg führt, der sich in barer Münze auszahlt.

Es fällt mir leicht, das unterschiedliche Verhalten von Männern und Frauen in Bezug auf ihre eigene Leistung als Chefin und damit wie von außen zu sezieren; wenn ich hingegen in der Situation bin, mich selbst bewerten zu müssen, verhalte ich mich genauso wie (fast) jede andere Frau. Ging es um eine Gehaltserhöhung, traute ich mich nicht, die Summe zu nennen, die ich im Kopf hatte, in der Befürchtung, sie liege viel zu hoch. Ich wollte auf keinen Fall unverschämt sein. Der Betrag, der mir dann von der anderen Seite vorgeschlagen wurde, lag dann stets viel höher. Manchmal denke ich über mein Gehalt nach. Die bloße Summe flößt mir dann Respekt ein, und ich finde, dass ich sehr viel Geld bekomme für meine Arbeit. Männer, die ebenso viel verdienen wie ich, sehen für sich immer noch erheblichen Spielraum nach oben. Ein paar tausend Euro mehr, so geben sie zu verstehen, wären für ihre Leistung durchaus gerechtfertigt. Obwohl ich mehr Geld natürlich auch nicht ablehnen würde, fühle ich mich jetzt schon sehr gut bezahlt. Nach mehr Geld zu fragen käme mir einfach nicht in den Sinn.

Ich weiß nicht, warum Männer zumindest vorgeben, derartig von sich selbst überzeugt zu sein. Vielleicht bedeutet es ihnen besonders viel, derjenige zu sein, der in ihrer Position am meisten verdient, weil sie sich dadurch als Mann stärker und damit besser fühlen. Ebenso wenig ist für mich klar, wieso Frauen ihr Licht gerne unter den Scheffel stellen. Was die Hervorhebung der eigenen Schwächen betrifft, so scheint es mir so zu sein, als ob sie von ihrem Vorgesetzten erwarteten, dass er sich ihrer Position nicht anschließt und begründet, warum er im Gegenteil besonders viel von ihnen hält. Frauen wollen diese Art der Bestätigung. Sie müssen sich anscheinend doppelt vergewissern, dass es dem Vorgesetzten mit seinem Lob auch wirklich ernst ist.

Als weibliche Vorgesetzte ist mir das Verhalten von Frauen in Beurteilungssituationen vertraut. Ebenso weiß ich aber, wie dieses Verhalten auf den Chef wirkt. Der Mann, der seine eigenen Vorzüge vor dem Chef permanent heraus-stellt, erzeugt bei diesem das Bild, dass es sich bei ihm um einen ganz besonders wertvollen Mitarbeiter handelt. Die Frau, die, um Selbstkritik bemüht, eigene Leistungen stän-dig hinterfragt und nivelliert, riskiert, dass sich bei ihrem Vorgesetzten auf Dauer das Bild einer Mitarbeiterin he-rausbildet, die ihre Schwächen hat. Dieses Tiefstapeln kann verheerende Auswirkungen haben. Jemand, der wie die meisten Männer auf Führungsebene als Lichtgestalt daher-kommt, kann in Beurteilungssituationen Zweifel seitens seines Vorgesetzten, die dieser vor dem Gespräch vielleicht noch hatte, leicht zerstreuen. Ist jemand, der von sich selbst so völlig überzeugt ist, nicht wirklich außergewöhnlich gut, frage auch ich mich dann. Habe ich ihn bisher möglicher-weise falsch eingeschätzt? Sind seine Forderungen nicht viel-leicht berechtigt? Kritik anzubringen ist mir angesichts der zur Schau getragenen Selbstsicherheit meines Gesprächs-partners immer unangenehmer, ich werde unsicherer, was ihre Berechtigung betrifft. Ich ahne, dass das Gespräch kon-frontativ verlaufen wird, wenn ich seine Selbstdarstellung in Frage stelle. Ich würde unmittelbar in die Lage kommen, mich rechtfertigen zu müssen, und dieses Gefühl ist einfach nicht angenehm. All das führt dazu, dass die Lichtgestalt das Gespräch allenfalls mit ein paar Kratzern verlassen wird. Vom Sockel gestoßen wird sie in der Regel nicht.

Die extreme Bescheidenheit von weiblichen Mitarbeitern macht ein Gespräch mit ihnen über Leistungen und Geld für den Chef hingegen sehr angenehm. Ich ertappe mich gelegentlich dabei, dass ich extrem niedrige Forderungen, die von Frauen geäußert werden, wenn es um Gehaltserhöhungen geht, erst mal zurückweise und beginne, die Höhe der genannten Summe in Frage zu stellen. Ich fühle mich bemüßigt, darüber zu diskutieren, obwohl ich weiß, dass die Frau am Ende selbstverständlich eine Gehaltserhöhung nach ihren Vorstellungen erhalten wird. Nun ist es an der Mitarbeiterin, sich für ihre Vorstellung zu rechtfertigen, während ich mich in der Situation souverän und sicher fühle. Obwohl mir die Zusammenhänge bekannt sind, wird also abhängig davon, in welcher Haltung jemand in ein Gespräch geht, anscheinend ein Automatismus der Reaktionen in Gang gesetzt, dem auch ich mich nicht immer entziehen kann.

Wenn also Bescheidenheit und die Fähigkeit zu Selbstkritik im privaten zwischenmenschlichen Umgang als positive Eigenschaften betrachtet werden, so bin ich durch meine beruflichen Erfahrungen zu der Erkenntnis gelangt, dass sie im Job völlig fehl am Platze sind. Frauen, die mit ihren Fähigkeiten positiv wahrgenommen werden wollen, bleibt nur eines: Muskeln zeigen! Laut sein!

Beichtgeheimnisse

Über meine Rolle als Kummerkasten

Ein Kollege, mit dem ich vor 15 Jahren einmal zusammen in einer Abteilung gearbeitet habe, kommt zu mir ins Büro, fragt, ob ich einen Moment für ihn Zeit hätte, druckst etwas herum und erzählt mir schließlich, dass er sich als werdender Vater mit dem Gedanken trage, in Elternzeit zu gehen, ohne sich sicher zu sein, ob diese Entscheidung auf seine Karriere im Unternehmen negative Auswirkungen habe. Mit seinem Chef könne er das Thema nicht besprechen. Er möchte von mir erfahren, was ich ihm in dieser Situation rate.

Ein Mitarbeiter meiner Abteilung wird das Unternehmen in absehbarer Zeit verlassen müssen. Er denkt über seine berufliche Zukunft zusammen mit mir nach, obwohl wir beide wissen, dass ich seine Entlassungsurkunde auch mit unterschreiben werde.

Ein Unternehmensberater, ein fast Fremder, den ich erst zweimal zuvor getroffen habe, berichtet mir auf einer gemeinsamen Autofahrt von seinem Wunsch, sein Leben grundlegend zu verändern, und fragt mich nach meiner Einschätzung.

Es ist mir im Rahmen meiner beruflichen Tätigkeit häufig begegnet, dass sich Menschen Rat suchend an mich wenden. Es freut mich, dass sie mir zutrauen, dass ich sie mit ihren beruflichen oder privaten Problemen ernst nehme. Oft geht es gar nicht darum, eine Lösung zu finden. Der Sinn des Gespräches ist es meistens weniger, eine konkrete Veränderung einzuleiten, sondern mögliche Veränderungen zu diskutieren.

Irgendwie scheine ich anderen das Gefühl zu vermitteln, dass sie sich mir öffnen können und ich das Vertrauen, das sie in mich setzen, nicht enttäusche. Ist das typisch Frau oder typisch ich? Vielleicht gelingt es Frauen, vorsichtig gesprochen, besser, sich auf den anderen einzulassen. Es ist mein Eindruck, dass Gespräche mit Männern sehr oft um Themen wie Arbeit, Politik, Autos kreisen. Sie kommen mir weniger intensiv, weniger persönlich, weniger berührend vor.

Für mich gehört in der Begegnung mit anderen Menschen auf jeden Fall wirkliches Interesse an dem anderen dazu. Ich versuche zu erkennen, was ihm wichtig ist und was dieser vielleicht nur in einem Nebensatz erwähnt. An der Stelle frage ich dann nach. Zuhören zu können und nicht nur auf den geeigneten Moment zu warten, ihn zu unterbrechen und meine eigene Geschichte zu platzieren, hat viele berufliche Beziehungen zwischen Kollegen und mir zu mehr werden lassen. Ich spüre, dass man mir vertraut und mich für loyal hält. Ebenso äußern meine Mitarbeiter angstfrei Kritik an meinem Verhalten, weil sie offenbar wissen, dass ich ihnen das nicht übel nehme.

Ohne dass ich es darauf anlege, erwächst aus diesen persönlichen Verhältnissen ein Vertrauensvorschuss, der es mir in schwierigen Situationen im Büro leichter macht, Entscheidungen auch gegen die Bedenken von Mitarbeitern zu treffen, ohne deswegen angefeindet zu werden. Man traut mir zu, eine Sache im Sinne aller zu entscheiden. Es entsteht ein Zusammengehörigkeitsgefühl, das ein Mitarbeiter mit

Sinn für Pathetik einmal so auf den Punkt brachte: «Wenn wir untergehen, halten Sie als Letzte noch die Fahne der Abteilung hoch.»

Meine Bereitschaft, mich anderen mit wirklichem Interesse zuzuwenden, ist nicht nur altruistisch motiviert. Natürlich löse ich gerne Probleme auf zwischenmenschlicher Ebene, aber das ist es nicht allein. Ich ziehe aus solchen Gesprächen viel für mich heraus. Ich erfahre Dinge, die ich selbst nicht erlebt habe, höre unglaubliche, skurrile, traurige und schöne Geschichten und lerne Facetten des Lebens kennen, die nicht meine eigenen sind. Indem ich anderen Menschen zuhöre, wird mein Leben reicher.

Als Vorgesetzte vieler Mitarbeiter bin ich also auch ein Stück weit «die Mutter der Kompanie». Kratzt das an meiner Autorität als Chefin, holt es mich vom Sockel herunter? Für mich meine ich, nie auf einem Sockel gestanden zu haben. Trotz meiner Funktion als Vorgesetzte sehe ich mich nicht über den anderen stehend. Ich bin mir dessen bewusst, dass viele männliche Führungskräfte noch immer dem tradierten Bild des Vorgesetzten entsprechen, der sich autoritär und unnahbar gegenüber seinen Mitarbeitern verhält.

Obgleich ich auf internationalem Parkett gelegentlich Managerinnen begegnet bin, die, *tough* und *straight* in ihrem Auftreten, nicht den Eindruck einer «Kümmererin» vermittelten, ist mein Verhalten meinem Eindruck nach doch eher typisch für Frauen in Führungspositionen. Es gibt allerdings viel zu wenig Probanden, als dass sich aus ihrer niedrigen Zahl schon eine hinreichend verlässliche Aussage ableiten ließe. Ebenso spekulativ sind die Gründe dafür, dass weibliche Führungskräfte vermehrt auch als Kummerkasten ihrer Abteilung fungieren. Sieht man in der Chefin unbewusst auch die Mutter, die sich aller Sorgen und Probleme bereitwillig annimmt? Wird der männliche Vorgesetzte ebenso unbewusst mit dem Anführer gleichgesetzt, hinter den man sich schart, den man aber mit allzu Menschlich-Alltäglichem verschont? Ein weites Feld.

Wünsch dir was!

Wenn fachliche Kriterien bei der Besetzung von Praktikantenstellen nur eine Nebenrolle spielen

Wenn Praktikantenstellen zu besetzen sind, geht der Mann gemeinhin so vor: Er lässt sich die Bewerbungsmappen geben und teilt diese auf in zwei verschiedene Stapel, die er vor sich auf den Schreibtisch legt. Wird eine Praktikantin gesucht, betrachtet er als Allererstes das Foto. Gefällt dieses nicht, wird die entsprechende Mappe sofort auf den Haufen der auszusortierenden Bewerbungen gelegt, oftmals kommentiert durch ein eindeutiges «Nee, die nicht!» Der Stapel der Bewerberinnen, deren über das Foto transportiertes Äußeres sie grundsätzlich dafür qualifiziert, den Praktikumsplatz zu bekommen, wird nun daraufhin durchgesehen, ob die Einzelnen von ihrer Vita und ihren bisherigen Ausbildungs- und Studieninhalten potenziell geeignet sind, für beide Seiten gewinnbringend in der entsprechenden Abteilung eingesetzt zu werden. Man sucht also, um es kurz zu sagen, die Beste unter den Hübschen und zeigt damit ein Verhalten, das man andernorts nur noch selten findet. Während bei der Auswahl von Mitarbeitern und Mitarbeiterinnen normalerweise die Qualifikation und die Einsetzbarkeit die wichtigsten Kriterien sind, da man sich längerfristig an diese

Personen binden möchte, stellt der Praktikumsbereich eine Art Spielwiese dar, auf der man sich freier bewegen kann. Da die Praktikanten in der Regel nur drei bis sechs Monate im Unternehmen bleiben, kann man die Auswahl mehr nach eigenem Gusto treffen und Personen in die eigene Abteilung holen, die diese nicht nur wegen ihrer fachlichen Eignung bereichern. Dabei steht dem verantwortlichen Kollegen selten der Sinn danach, die jungen Frauen auf der menschlichen Ebene näher kennenzulernen. Sie sollen neben den ihnen übertragenen Aufgaben vor allem den Büroalltag durch ihr ansprechendes Erscheinungsbild ein bisschen aufpeppen. Wenn man im Nachhinein feststellt, dass eine Praktikantin zwar sehr adrett, aber für ihre Aufgabe in höchstem Maße ungeeignet ist, entsteht für das Unternehmen kein großer Schaden. Ein paar Wochen später ist man sie wieder los, und die Nachfolgerin steht vor der Tür, genauso attraktiv und hoffentlich fachlich ein wenig kompetenter.

Nachdem ich jahrelang beobachtet hatte, wie Männer alle paar Monate wieder Praktikantenstellen mit attraktiven Hinguckern besetzt hatten, beschloss ich, ihre Auswahlmethode einmal zu übernehmen. Normalerweise brütete ich stundenlang über den Bewerbungsmappen, um die Aspiranten und Aspirantinnen herauszufiltern, deren fachliche Eignung sie für den Praktikumsplatz besonders qualifizierte. Jetzt verglich ich die Fotos der Bewerber untereinander und entschied mich für einen jungen Mann, dessen Qualifikationsmerkmal hauptsächlich darin bestand, dass er mir besonders sympathisch erschien. Ein schneller Blick in seine Unterlagen verriet mir, dass er unter Anwendung der bisher von mir angelegten Auswahlkriterien wenig Chancen gehabt hätte, eingestellt zu werden, da er vor dem Hintergrund seiner bisherigen Ausbildungsstationen für die Tätigkeit in unserer Abteilung nicht optimal geeignet war. Egal, der äußere Eindruck sollte dieses Mal ausschlaggebend sein. Ich beauftragte einen Mitarbeiter damit, zu ihm Kontakt aufzunehmen und ihm den Praktikumsplatz in Aussicht zu stellen. So nahm die Sache ihren Lauf.

Als der Praktikant einige Monate später seine Stelle antrat, hatte ich die Angelegenheit schon fast vergessen. Auf einmal beschlichen mich leise Zweifel: Was wäre, wenn es sich bei ihm in fachlicher Hinsicht um einen Totalausfall handelte, den ich ja schließlich zu verantworten hätte? Zum Glück lief aber alles ganz anders. Marco war intelligent, charmant und wirklich nett. Er studierte und arbeitete in Italien, in Frankreich, in den USA, in Hongkong. Seit seiner Praktikumszeit in unserem Unternehmen sind wir freundschaftlich verbunden und ich verfolge weiterhin seine berufliche Entwicklung. Schon vor langer Zeit habe ich ihm erzählt, nach welchen Kriterien ich ihn damals als Praktikanten ausgesucht hatte. Er findet diese Geschichte gleichermaßen schmeichelnd wie irritierend.

Einsame Spitze

Warum die Partnersuche von Topmanagerinnen meistens ergebnislos verläuft

Wer Karriere machen will, hat keine 40-Stunden-Woche. Da der Griffel nicht um 16 oder 17 Uhr fällt und man im Gegenteil oft bis spät in den Abend über Papieren oder vor dem Computer hockt, wird das private Leben außerhalb der Firma immer weniger planbar, je höher man auf der Karriereleiter hinaufsteigt. Soziale Kontakte ergeben sich zumindest im Anfangsstadium größtenteils auch über den Job; so geht man nach Feierabend mal mit ein paar Kollegen ein Bier trinken oder trifft sich am Wochenende zur gemeinsamen Freizeitgestaltung. Ist man aber irgendwann auf einer bestimmten Führungsebene angekommen, werden diese interkollegialen Kontakte erst spärlicher, um dann ganz auszubleiben. Mit Vorgesetzten gehen viele Mitarbeiter nicht gerne aus, denn das Verhältnis zwischen einem Mitarbeiter und seinem Vorgesetzten mag noch so gut sein, es bleibt ein Verhältnis zwischen zwei in der Unternehmenshierarchie Nichtgleichen, so dass daraus nach Feierabend nicht einfach eine freundschaftliche Beziehung werden kann. Demzufolge wird der Chef oder die Chefin irgendwann einfach nicht mehr gefragt oder eingeladen, wenn die Kollegen beschließen, gemeinsam etwas zu unternehmen.

Das bisher Geschilderte gilt gleichermaßen für Frauen und Männer in Führungspositionen. Und doch leiden hauptsächlich Frauen in Chefetagen unter Einsamkeit. Warum ist das so? Als die Kontakte zu Kollegen, deren Vorgesetzte ich zu einem bestimmten Punkt wurde, ausblieben, hätte ich mich theoretisch mit gleichrangigen Kollegen treffen können. Als einzige Frau unter mehreren Männern ist das aber nicht so einfach möglich. Hinter jedem dieser Männer steht in der Regel eine Ehefrau, die es nicht so gerne sieht, dass sich ihr Gatte nach der Arbeit mit einer Kollegin trifft. Wir haben es auch einmal versucht, die Ehefrauen mit einzubeziehen, doch da sich das Gespräch meistens nur um die Firma drehte, waren diese Treffen für die anwesenden Gattinnen eher langweilig. Niemand fühlte sich so richtig wohl. Daher trifft man sich eben privat nur äußerst selten. Von der Position her gleichrangige Männer verabreden sich privat regelmäßig, sporadisch oder gar nicht, das hängt von den einzelnen Personen ab, für sie ist es im Gegensatz zu mir als einziger Frau auf dieser Position aber immer unproblematisch und jederzeit denkbar. Doch auch Männer der Führungsebene, die außerhalb des Unternehmens keinen Umgang mit gleichrangigen Kollegen pflegen, sind gemeinhin nicht in der Gefahr zu vereinsamen; sie haben nämlich etwas, was vergleichbaren Frauen im Topmanagement oft fehlt: Sie haben einen Partner und/oder eine Familie.

Ehegattinnen von Führungskräften der oberen Ebene sind in aller Regel Hausfrauen, die eigenen beruflichen Plänen entsagt haben, um sich ganz um ihren Mann, die Kinder, das Haus und soziale Kontakte zu kümmern. Wenn Kollegen von mir nach Hause kommen, ist da jemand, der nicht nur dafür gesorgt hat, dass er sich um nichts, was mit dem Abendessen oder der Haushaltsführung allgemein zu tun hat, mehr kümmern muss und der darüber hinaus sicherstellt, dass das Paar sich in der Freizeit mit Freunden trifft, etwas unternimmt etc. Wenn ich abends aus dem Büro nach Hause komme, bin ich allein. Mein Freund lebt und arbeitet in einer anderen Stadt, und ich sehe ihn nur am Wochenende. Seinen Job an den Nagel zu hängen und zu mir zu ziehen, kommt für ihn nicht in Frage. Bevor ich ihn kennenlernte, hatte ich einige Jahre keine feste Beziehung. Das Phänomen, ein Singleleben zu führen, ist charakteristisch für weibliche Führungskräfte in Deutschland. Für die vielen Männer in den Chefetagen deutscher Unternehmen ist das Alleinsein kein Thema. Sie haben offenbar keine Schwierigkeiten, eine Frau zu finden, die bereit ist, die Karriere ihres Mannes durch das Zurückstellen eigener Vorstellungen von beruflicher Verwirklichung zu unterstützen. Ganz im Gegenteil scheint es so zu sein, dass eine herausgehobene berufliche Stellung die Attraktivität eines Mannes noch wesentlich erhöht. Sein Erfolg im Job macht ihn sexy und begehrenswert für viele Frauen, die nicht zögern, ein traditionelles Rollenverhalten der Ehefrau im Hintergrund anzunehmen. Die Partnerin eines erfolgreichen Mannes zu sein, scheint manchen Frauen sehr zu schmeicheln, die eigener beruflicher Erfolge nicht bedürfen, um sich gesellschaftlich akzeptiert und angesehen zu fühlen.

Frauen in Führungspositionen haben es hingegen ungleich schwerer, einen Partner zu finden. Ihr Erfolg, der sich für potenzielle Partner meistens an der Höhe des Gehaltes bemisst, schreckt ab. Sehr viele Männer tun sich schwer damit, weniger zu verdienen als ihre Partnerin. Ich war mehrere Jahre mit jemandem zusammen, der den Gehaltsunterschied zwischen uns zunehmend als Problem erlebte und sich dadurch in seinem Selbstwertgefühl gekränkt sah. Gehaltserhöhungen, die ich ihm anfangs noch mit Freude mitteilte, verletzten seinen Stolz und endeten jedes Mal im Streit. Wenn ich anbot, einen teureren Urlaub zum großen Teil zu bezahlen, um den Sommer einmal nicht im Bayerischen Wald zu verbringen, lehnte er das kategorisch ab. So fuhren wir über Jahre in den Bayerischen Wald, weil sein Selbstwertgefühl es ihm nicht gestattete, sich von mir einladen zu lassen.

Für Frauen, die weniger verdienen oder über gar kein eigenes Einkommen verfügen, ist es völlig unproblematisch, wenn ihre Männer dafür sorgen, dass alles bezahlt wird. Ganz selbstverständlich können die meisten von ihnen über das gemeinsame Konto verfügen, auf dem doch nur das Gehalt des Mannes eingeht. Männer haben in der Regel kein Problem damit, dass ihre Frau Geld abhebt und ausgibt, wenn sie es für nötig hält. Das ist bei mir ganz anders. Die Vorstellung, dass jemand, und sei es auch mein Partner, jederzeit Zugang zu meinem Konto hat und ich gefühlt die Kontrolle darüber verliere, macht mir immer noch zu schaffen. Ich habe mit einigen Frauen gesprochen, die das ebenso empfinden. Es scheint so, dass die Männer die Rolle des Ernährers der Familie verinnerlicht haben und Frauen, die das Einkommen heranschaffen, immer noch wie Einzelkämpferinnen agieren. Vielleicht haben Hunderte von Jahren, in denen der Mann für die Familie in finanzieller Hinsicht sorgte, ihre Spuren hinterlassen. Frauen sorgen inzwischen für sich selbst, doch sie tun sich schwer damit, auch für ihren Mann zu sorgen. Und eigentlich will es der Mann auch nicht.

Demzufolge sucht eine Frau in einer Führungsposition einen Mann mit vergleichbarem Einkommen oder auf vergleichbarer Position, ein schwieriges, wenn nicht unmögliches Unterfangen, denn Männer in Führungspositionen suchen keine Partnerin mit Karriere, sondern eine, die sich sozusagen um das Backoffice kümmert und ihnen den Rücken freihält.

So sind Frauen, die Karriere gemacht haben, häufig allein, wenn sie nicht einen sehr modernen Partner haben, dessen Selbstwertgefühl nicht in Abhängigkeit steht zur Gehaltshöhe seiner Frau. Da Letzterer noch sehr selten anzutreffen ist, leben diese Frauen meistens alleine, mit wenig ausgeprägtem sozialem Umfeld und ohne Kinder. In meinem Unternehmen traf ich auf Geschäftsessen gelegentlich mit einem Kollegen zusammen, der sich für mich interessierte. Wenn das eine oder andere Glas Wein ihn unkontrollierter werden ließ, sprach er offen darüber, dass er gerne eine Beziehung mit mir begänne, ich aber aufgrund meiner hohen beruflichen Stellung, die deutlich oberhalb der seinigen rangierte, einfach nicht als Partnerin in Frage kommen könne. Meinen jetzigen Freund beeindruckt die vermeintliche Wichtigkeit meines Jobs oder die Höhe meines Gehaltes glücklicherweise nicht. Ich habe ihn nicht über meine Arbeit kennengelernt. Er arbeitet selbstständig, und mein Platz nah an der Spitze der hierarchischen Struktur unseres Unternehmens, die bei denen Berührungsängste auslösen kann, die mit ihr vertraut sind, imponiert ihm nicht im Geringsten.

Der Preis, den ich für meinen beruflichen Erfolg gezahlt habe, ist trotzdem ziemlich hoch, weil kein Mann bereit war, für mich seinen Job aufzugeben. Wenn mich meine Tätigkeit ausfüllt oder sogar begeistert, fällt mir das nicht so auf. Ich merke es aber zum Beispiel dann, wenn ich krank bin. Zu Hause ist niemand, der sich dann um mich kümmert, und wenn ich nicht einmal mehr Auto fahren kann, rufe ich ein Taxi, doch es gibt keinen Partner, der dann für mich da ist. Natürlich ruft mein Freund mich an und versucht mich nach Kräften aufzumuntern, doch er sagt nicht alle seine geschäftlichen Termine ab und bringt mal eben ein paar Hundert Autobahnkilometer hinter sich, nur um mir einen heißen Tee zu kochen. Mein Alleinsein wird mir auch an solchen Tagen besonders bewusst, an denen die ganze Abteilung früher nach Hause geht, weil es draußen zum ersten Mal frühlingshaft ist oder ein Feiertag vor der Tür steht. Alle um mich herum freuen sich auf die vor ihnen liegenden freien Stunden, die sie mit Familie oder Freunden verbringen wollen. Auf mich wartet niemand, freie Zeit ist für mich dann nicht schön. Ich frage mich immer wieder, ob das, was ich beruflich erreicht habe, es wert war angesichts dieser vielen Tage der Einsamkeit. Natürlich versuche ich immer wieder, ein privates soziales Leben zu leben, doch wie schafft man das bei langen Arbeitszeiten und mehr als 100 Tagen im Jahr, die ich auf Geschäftsreise bin? Manchmal melde ich mich zu einem Kurs an, um gemeinsam mit anderen etwas zu tun, was mir Spaß macht. Es ist mir dann so wichtig, dabei zu sein, dass ich alles daransetze, keinen Termin zu verpassen. Für eine abendliche Chorprobe bin ich nach einem Geschäftstermin in einer anderen Stadt mehrere Hundert Kilometer nach Hause gefahren, in den frühen Morgenstunden des folgenden Tages habe ich mich dann wieder ins Auto gesetzt, um meine Verhandlungen in der mehr als drei Fahrstunden entfernten Stadt fortsetzen zu können.

Mir wurde bewusst, dass ich jetzt etwas verändern muss, um nicht mit 67 vor dem Nichts zu stehen. Sich bei Krankheit von Freunden versorgen zu lassen, ist keine vernünftige Option. Mein Beruf gefällt mir. Trotzdem wünschte ich mir eine feste Beziehung mit einem Partner, der mit mir zusammenwohnt. Und Kinder. Nur wollte und will ich dafür nicht meine Karriere aufgeben. Männer in meiner Position haben beides, Karriere und Kinder. Warum sollte ich mich dazwischen entscheiden müssen?

Feel it!

Wenn Bauchentscheidungen betriebs-
wirtschaftlich positiv zu Buche schlagen

Vor dem Gespräch mit einem besonders schwierigen Geschäftspartner trafen meinen damaligen Chef und mich schon bei unserer Ankunft ganz böse Blicke, die uns auf das Kommende einstimmten. Wir trugen beide unsere Pulsuhren, vor ein paar Jahren und nur für kurze Zeit der letzte Schrei. Was folgte, war ein extrem aggressiv geführtes Gespräch, das, von beiden Seiten entsprechend angefacht, immer neue Grade der Eskalation erreichte. Die Pulsuhr war in Bewegung. Als Raucherin bat ich um eine kurze Unterbrechung, als die Stimmung sozusagen auf ihrem Höhepunkt war. Der Verhandlungsführer der Gegenseite rauchte ebenfalls, und für die Dauer einer Zigarette standen wir beide draußen vor der Tür und regten uns etwas ab.

Doch auch nach dieser kleinen Pause war in der Verhandlung kein Land in Sicht, die Fronten waren verhärtet, und man schrie sich gegenseitig einfach nur noch an. Abbruch. Ich regte an, am Abend noch einmal zusammenzukommen, um zu eruieren, ob noch etwas zu retten war. Niemand bekundete daran Interesse, nur der rauchende Herr raunte mir beim Hinausgehen zu, man finde ihn und seine Truppe sicher nach dem Abendessen noch an der Hotelbar.

Während des Abendessens mit meinem Chef versuchte ich, ihn auf den bevorstehenden Besuch an der Hotelbar einzustimmen. Das Hotel, in dem unsere Verhandlungspartner logierten, war uns bekannt, und ich war mir sicher, dass wir dort von ihnen erwartet würden. Zunächst biss ich auf Granit: «Sie bilden sich doch wohl nicht wirklich ein, dass die da etwa auf uns warten. Ich mache mich doch nicht lächerlich!» Wenn niemand dort sei, argumentierte ich, könnten wir uns gar nicht der Lächerlichkeit preisgeben, denn in dem Fall würde unsere Anwesenheit ja von niemandem bemerkt. Mein Chef, noch voll des Ärgers über das Gespräch am Vormittag, war rationalen Argumenten zu diesem Zeitpunkt nicht aufgeschlossen. Später im Taxi konnte ich zumindest herausschlagen, dass wir einmal ganz unverbindlich am besagten Hotel vorbeifahren würden. «Aber ich steige nicht aus.»

Ausgestiegen ist er dann doch, laut schimpfend über die Sinnlosigkeit des durch mich initiierten Tuns. Ich konnte ihn etwas besänftigen, als ich vorschlug, dass wir doch immerhin noch einen Absacker an der besagten Hotelbar zu uns nehmen könnten, für den Fall, dass wir allein bleiben würden. Also rein.

Den ersten Vertreter der Gegenseite trafen wir bereits im Foyer. In schon angeheitertem Zustand kam er auf uns zu und umarmte mich mit den Worten «Ich hab's doch gewusst, dass Sie kommen.» Er kriegte sich vor Freude gar nicht wieder ein, und auch seine Kollegen waren wie ausgewechselt. Wir wurden wie gute Freunde mit großem Hallo empfangen, und wie sonst nur unter besten Freunden kam es nach einigen Gläsern Hochprozentigem zu einer emotionalen Lockerheit und zu einer Vertraulichkeit, mit der nach dem verpatzten Vormittag so nicht zu rechnen gewesen war. Wir tranken ununterbrochen Bloody Marys in einer Spezialausführung mit besonders hohem Alkoholanteil. Ab und zu fiel der Eiswürfelbottich um; dann wurden die glitschigen Eiswürfel mit der flachen Hand in irgendein Glas bugsiert, und man trank weiter. Was stattfand, war ein Saufgelage im klassischen Sinne. Mein Chef, der sich schnell auf die neue Situation einstellen konnte, fragte mich zwischendurch immer mal wieder, wieso ich mir denn so sicher gewesen sei, dass unsere Verhandlungspartner es mit ihrer Einladung an die Hotelbar ernst gemeint hatten. Intuition, antwortete ich ihm.

Ein schöner, fröhlicher Abend in geselliger Runde ging zu Ende. Die Rechnung überließ man wie selbstverständlich uns, und diese Rechnung hatte es in sich. Gelohnt hat es sich dessen ungeachtet allemal. Das Jahresgespräch wurde kurze Zeit später fortgesetzt und kam ziemlich schnell zu einem für beide Seiten guten Abschluss. Doch der Abend in der Hotelbar trug noch weiter. Bei diesem Unternehmen hatten wir seither einen Stein im Brett. Entscheidend waren dafür nicht unsere Argumente oder unser Verhandlungsgeschick. Ausschlaggebend war allein die Tatsache, in der Bar erschienen zu sein. Ich wollte dort unbedingt hin, ohne in dem Moment genau zu wissen, wofür es gut war. Ganz wichtig war meine Person betreffend auch, dass ich mitgetrunken habe, mich auch nicht zimperlich anstellte, als man es mit der Hygiene ab einem bestimmten Zeitpunkt nicht mehr so genau nahm. Das Zusammengefegte vom Tresen herunterwürgen, ohne sich etwas anmerken zu lassen, das war gefragt und hat mit dazu beigetragen, meine Akzeptanz bei diesem Geschäftspartner dauerhaft zu erhöhen. Was mit einer Zigarette begann, fand mit viel Alkohol seinen Abschluss: Es war uns gelungen, eine Atmosphäre herzustellen, die es uns und unserem Verhandlungspartner erlaubte, wieder aufeinander zuzugehen. Das war im Interesse unserer beider Unternehmen. Rauchen (und Trinken) fügt uns und unseren Mitmenschen also nicht immer Schaden zu. Es geht auch ganz anders.

Mittenmang

Warum in mir als Chefin
kein Alphatier steckt

Als ich vor gut zehn Jahren in die Führungsebene unseres Unternehmens vorstieß, war der Altersunterschied zwischen mir und meinen Mitarbeitern signifikant. Von den etwa 50 Mitarbeitern des Bereiches, dessen Leitung ich nun übernehmen sollte, waren die meisten über 50 Jahre alt; nur zwei von ihnen waren Frauen. 20 Jahre und mehr lagen zwischen uns. Die sieben Abteilungsleiter, eine Ebene unter mir und damit meine direkten Ansprechpartner, standen teilweise kurz vor der Rente, als ich den Job antrat.

«Wie Sie die Akzeptanz der Herren erlangen, müssen Sie mal sehen. Wahrscheinlich werden sich Herr A oder Herr B etwas konsterniert über unsere Entscheidung zeigen, die Stelle mit Ihnen zu besetzen. Die beiden haben sich meines Wissens selbst Hoffnungen darauf gemacht. Ich weiß nicht, wie der Einzelne die Entscheidung aufnehmen wird.» Mit ungefähr diesen Worten versuchte mein Vorgesetzter, mich auf die vielleicht zu erwartenden Widerstände vorzubereiten. Ich beschloss daraufhin, mit jedem meiner zukünftigen Mitarbeiter zu sprechen und mit dem vermeintlich Schwierigsten zu beginnen. Nach dem ersten Schock, den die Neuigkeit bei ihm auslöste – «Sie? Das ist ja unglaublich!» –, fanden wir im Gespräch schnell zueinander. Der Herr zeigte sich erfreut darüber, dass ich ihn angerufen und persönlich über die Veränderung informiert hatte. «Wir werden uns schon zusammenraufen», fügte er versöhnlich hinzu. Auch die restlichen Einzelgespräche verliefen überraschend un- aufgeregt. Die erste Hürde hatte ich genommen.

Als es wenig später darum ging, die gemeinsame Strategie festzulegen, mit der wir die vor uns liegenden Ziele angehen wollten, entschied ich mich gegen einen Auftritt als Chefin vor versammelter Mannschaft, die den bereits ausgearbeite- ten Fahrplan nur noch verkündet. Ich wollte meinen Mit- arbeitern auf Augenhöhe begegnen und wiederum in Ein- zelgesprächen hören, welche Erfahrungen und Ideen sie in den Prozess der inhaltlichen Ausrichtung unseres Arbeits- bereiches einbringen konnten. Ich wollte so handeln, um je- dem einzelnen Mitarbeiter zu vermitteln, wie wertvoll er ist. Ich musste so verfahren, weil ich auf die Solidarität meiner Mitarbeiter angewiesen war. Als man mir diese Führungspo- sition übertrug, war ich mit den damit verbundenen Aufga- ben wenig vertraut. Ich hatte die Zwischenpositionen, die normalerweise zu diesem Job führen können, nicht durch- laufen und war eine Art Quereinsteigerin. Meine Mitarbei- ter hätten mich regelrecht gegen die Wand laufen lassen können. Ihre Unterstützung nützte mir in Bezug auf meinen beruflichen Erfolg, ich habe sie aber nicht eigennützig in An- spruch genommen. Die Wertschätzung für die Arbeit jedes einzelnen Mitarbeiters entspricht vielmehr meiner tiefen Überzeugung.

Auch in den Positionen, die ich später ausfüllte, stand das Interesse an jedem einzelnen Menschen für mich immer im Vordergrund. Ich habe mich immer darum bemüht, jeden individuell anzusprechen, ihn als Person wirklich kennen- zulernen und ihn so zu nehmen, wie er ist. Ich täusche nicht vor, dass mir jeder Einzelne wichtig ist, ich meine es damit ernst. Wenn man das glaubhaft vermitteln kann, spielen das Alter oder das Geschlecht der neuen Chefin keine Rolle in Bezug auf die Akzeptanz, die ihr von ihren Mitarbeitern entgegengebracht wird. Meine Mitarbeiter haben mich akzeptiert, weil sie merkten, dass ich meinerseits respektierte, dass sie 20 oder 30 Jahre älter waren und über dementsprechend mehr Erfahrung verfügten. Ich konnte und wollte nicht als Vorgesetzte auftreten, die viel älteren Kollegen vorschreibt, wo es langgeht.

Ich führe die Tatsache, dass es zwischen meinen Mitarbeitern und mir nie zu ernsthaften Auseinandersetzungen gekommen ist, auf diese Art der persönlichen Ansprache zurück. Schwierig wird es mit den Männern erst bei Gleichrangigkeit oder im Kampf um den Aufstieg nach noch weiter oben. Chefin einer Abteilung zu sein, die sich überwiegend aus Männern zusammensetzt, kann gelingen, wenn man auf autoritäres Gehabe verzichtet und nicht wie ein Mann auftritt. Für die Männer, deren Vorgesetzte ich wurde, war ich immer auch die «Mutter der Nation». Ich weiß nicht, wie viele Dutzend Male ich diesen Satz gehört habe, und obwohl er mir eigentlich nicht so gut gefällt, bin ich mir doch ganz im Klaren darüber, dass er positiv gemeint ist. Meine Mitarbeiter sagen mir damit, dass ich mich über die beruflichen Belange hinaus um sie kümmere, dass es mir nicht egal ist, wie ihnen zumute ist. Es ist wirklich so, dass ich viel über das Privatleben meiner Mitarbeiter weiß, weil sie mir davon erzählen und mich in problematischen Phasen um Rat fragen. Führe ich eine Abteilung, bemühe ich mich außerdem darum, dass wir gemeinsam etwas unternehmen, was für den Zusammenhalt der Gruppe sorgt. Und wenn sich eine Sitzung hinzieht, kümmere ich mich um Erfrischungen und Snacks; das ist profan, wirkt aber stimmungsaufhellend und verbindet.

Meine Vorgänger in diesen Leitungsfunktionen, durchgängig Männer, haben sich mit dererlei «Gedöns» nicht aufgehalten. Man erwartet ein fürsorgliches Verhalten aber auch nicht von einem männlichen Chef. Er gibt eher den Leitwolf, der vorausgeht und dem die Abteilung folgt. Wer nicht mitgehen will, ist schnell weg vom Fenster. Für die Mitarbeiter ist diese Art von Führung völlig in Ordnung, solange der Chef einen kompetenten Eindruck vermittelt. Eine Frau in der Rolle als Vorgesetzte muss ebenfalls eine genaue Vorstellung von der Richtung haben, die sie einschlagen will. Im Gegensatz zu einem Mann muss sie ihre Absichten aber indirekter kommunizieren und ihren Mitarbeitern zusätzlich deutlich vermitteln: «Ohne euch geht es nicht!» Wenn sich mir ein Mitarbeiter widersetzt, wird er nicht versetzt oder sogar entlassen. Ich frage ihn nach den Gründen für seine oppositionelle Haltung und versuche, ihn dazu zu bewegen, wieder konstruktiv mitzuarbeiten.

Da ich grundsätzlich nicht zu autoritärem Verhalten neige, fiel es mir nicht schwer, auch als Chefin vermittelnd und um den Einzelnen bemüht aufzutreten. Mich interessieren Menschen, und dieses ehrliche Interesse an ihnen hat es mir immer leicht gemacht, eine Abteilung zu führen. Wer dieses Interesse nicht in sich trägt, muss sich professionell organisieren und persönliche Kontakte zu seinen Mitarbeitern wie eine To-do-Liste in seinen Kalender eintragen. «Heute Frau K. Hallo sagen» oder «Einen Schwatz im Büro der beiden Sachbearbeiter einplanen» könnte darin verzeichnet stehen. Auch die Einführung von Regelmäßigkeiten ist da sinnvoll; wer an einem Jour fixe mit der ganzen Abteilung zusammen in der Kantine isst, sorgt automatisch dafür, dass man sich kennenlernt. Ob dieser kommunikative Führungsstil einer Frau eher liegt als ihren männlichen Kollegen, kann man aufgrund fehlender Vergleiche schlecht beurteilen.

Viele Männer in Führungspositionen kennen die Mitarbeiter, die auf Ebenen unter der ihrigen im Einsatz sind, nicht einmal mit Namen. Auf Tagungen, an denen die gesamte Abteilung teilnimmt, unterhalten sie sich ausschließlich mit den Vertretern der nächsttieferen Ebene. Es gibt Vorgesetzte, die nicht grüßen, und solche, die über Monate nicht in den Büros ihrer Mitarbeiter auftauchen. Mitarbeiterbefragungen zeigen es: Diese Nichtachtung nehmen Menschen übel, die oft ein ganzes Arbeitsleben für eine Abteilung tätig sind.

Vorsicht, Falle!

Warum eine weibliche Führungskraft für die Herren Kollegen das «Mädchen für alles» bleibt

Ja, wer schreibt heute das Protokoll? Selbstverständlich die (einzige) Frau in der Runde, wenn sie nicht höllisch aufpasst. Denn Frauen sind ja, so die von den Herren herangezogene Begründung, bekanntermaßen unglaublich multitasking-fähig, können schreiben, zuhören und mitdiskutieren, alles parallel. Wer als Frau jetzt stumm bleibt und nicht auf einem rotierenden System besteht, hat das Protokoll an der Backe. Doch schon anlässlich der nächsten Sitzung des entsprechenden Gremiums ist die mühsam erreichte Vereinbarung über den regelmäßigen Wechsel des Protokollanten aufseiten der männlichen Kollegen anscheinend in Vergessenheit geraten, und Frau A, die ja so viele Dinge gleichzeitig tun kann, wird für das Protokoll auserkoren … Strukturell änderte sich in den Gesprächsrunden an dieser Handhabung immer erst etwas, wenn ich an ihnen nicht mehr teilnahm. Blieben nur die Männer zurück, entstand unter ihnen eine Riesendiskussion um die möglichst gerechte Verteilung der protokollarischen Aufgaben.

Und wer schreibt ans Flipchart? Auch die Frau Kollegin. Weil sie ja so eine außergewöhnlich schöne und leserliche

Handschrift hat. Selbst wenn man als Frau eine richtige Sauklaue sein Eigen nennt, kommt man um das Flipchart nur schwer herum. Ist der Anschrieb kaum zu entziffern, loben die anwesenden Herren trotzdem noch mal die wunderschöne Handschrift. Damit stellen sie schon die Weichen für das nächste Mal, denn wer so schön schreibt, der ist auf das Flipchart im Interesse aller quasi abonniert.

Es gibt also Aufgaben, die aus Männersicht ganz automatisch den Frauen zufallen, selbst wenn es sich bei diesen um Managerinnen handelt, die in der Firmenhierarchie ganz oben angesiedelt sind. Augenfällig wird dieses Denken auch auf externen Tagungen, wenn die Organisation etwas hakt. Ist der Tisch im Hotel zum Beispiel am Nachmittag nicht eingedeckt, fehlen Kaffee, Kaltgetränke und Gebäck – Frau A soll das mal eben richten. Mein Name fällt ganz automatisch:

– Haben wir eigentlich keinen Kaffee bestellt, Frau A?
– Ich denke schon.
– Dann wäre es aber ganz gut, wenn wir jetzt welchen bekommen könnten. Würden Sie einmal nachfragen?

Es scheint ein ungeschriebenes Gesetz zu sein, dass ich mich um diese Kleinigkeiten zu kümmern habe. Haben wir einen Beamer dabei für unsere Präsentationen, Frau A? In welchem Raum tagen wir eigentlich, Frau A? Wissen Sie, wie wir heute Abend zum Restaurant kommen, Frau A? Die Herren, von ihren Sekretärinnen im Normalfall mit einem Ablaufplan der Tagung ausgestattet, der so minutiös vorbereitet wurde, dass kein interpretatorischer Rest bleibt, sind völlig hilflos, wenn etwas anders läuft als dort verzeichnet. Versagt das Rundum-sorglos-Paket an einer Stelle und ist die Sekretärin nicht greifbar, wendet man sich an mich. Weil ich eine Frau bin. Bin ich nicht anwesend, muss der rangniedrigste Mann der Runde herhalten.

Für mich stellt es keinen nennenswerten Aufwand dar, mal eben nach dem Kaffee zu fragen. Ich habe das nötige technische Equipment immer dabei, und ich weiß auch meistens ohne kleinteilige Programmübersicht aus dem Kopf, wie die Tagung abläuft, weil ich mich schon im Vorfeld damit beschäftigt habe. Manchmal übernehme ich die Rolle der Wissenden unter den scheinbar Ahnungslosen und kümmere mich darum, dass alles reibungslos läuft, auch um lange und wenig zielführende Diskussionen darüber zu vermeiden, was man denn jetzt am besten tun könnte. Das kostet mich nur wenig Zeit und Mühe, denn diese Art von Problemen ist wirklich ganz leicht aus der Welt zu schaffen. Kleinigkeiten eben. Ich bin mir aber auch bewusst, dass ich dadurch die bei meinen männlichen Kollegen verbreitete Erwartung zementiere, dass ich als Frau, Managerin hin oder her, ganz selbstverständlich für den reibungslosen organisatorischen Ablauf zu sorgen habe.

«Es dauert nur ein paar Sekunden, ich kann das eben erledigen, deswegen muss ich mich jetzt nicht auf die Hinterbeine stellen», sage ich mir, obwohl es mich gleichzeitig ärgert, dass man offenbar nicht einmal im Traum daran denkt, zum Beispiel die Männer, die einige Ebenen unter mir rangieren, für diese Dienste heranzuziehen. Während also die Herren in Grüppchen zusammenstehen und sich unterhalten, spurte ich durch das Hotel und organisiere, dass der Kaffee bald auf dem Tisch steht und der Beamer funktioniert. Es käme mir lächerlich und übertrieben vor, auf die Bitte, mich um Fehlendes zu kümmern, etwa zu entgegnen: «Warum sollte gerade ich das tun? Nur weil ich eine Frau bin?» Sich aufbäumen wäre eine Option, wenn die Herren die Tatsache, dass die Wahl in diesen Situationen immer auf mich fällt, explizit mit meinem Geschlecht in Verbindung brächten, das mich für diese Art von Aufgaben ungeachtet meiner Stellung im Unternehmen naturgemäß prädestiniere. Das passiert aber nicht. Also erscheint mir diese Form der massiven Zurückweisung mit deutlichem Hinweis auf die Gleichberechtigung unverhältnismäßig. Die potenzielle Reaktion meiner männlichen Kollegen vorwegnehmend, höre ich sie sagen oder denken: «Meine Güte, was regt die sich künstlich auf, es geht doch nur darum, dass mal jemand kurz nach dem Kaffee fragt.» Ich will nicht als anstrengende «Emanze» gelten, weil ich das auch nicht bin. Die Rolle des Mädchens für alles gefällt mir jedoch ebenso wenig. Mir bleibt nur, die Anfragen geschickter abzuwimmeln: «Paul, du stehst doch gerade an der Tür. Frag du doch bitte mal nach, ob sie unseren Kaffee vergessen haben.» Vielleicht leitet das bei Paul und seinen Kollegen peu à peu einen Erkenntnisprozess ein: «Mensch, eigentlich kümmert sich doch die A immer um diese Dinge. Obwohl sie ja auch Managerin ist. Eigentlich auch nicht ganz richtig …» Ein Quäntchen Optimismus ist erforderlich, um an diese Art des Umdenkens glauben zu können.

So lonely

Warum mich auf Geschäftsreisen meine Abenteuerlust verlässt

Bedingt durch meinen Job bin ich viel unterwegs. Zwei oder drei, manchmal vier Geschäftsreisen pro Woche sind keine Seltenheit. Dementsprechend hoch ist die Zahl der Nächte, die ich irgendwo auf der Welt in einem Hotel verbringe.

Das kann man schön finden. Wer das so sieht, plant seine Geschäftsreise entsprechend, damit neben dem Termin ein bisschen Zeit bleibt, um die fremde Stadt zu entdecken. Man kann es so einrichten, dass man frühzeitig am Zielort eintrifft, sich ein wenig in der Stadt umsieht und dann in einem schönen Restaurant zu Abend isst. Manche organisieren sich so, dass ihr Termin möglichst auf einem Freitag liegt, und verlängern ihren Aufenthalt um das Wochenende, das für sie dann den Charakter eines Kurzurlaubes annimmt.

Für mich ist das gänzlich ohne Reiz. Städte wie Paris oder Mailand interessieren mich natürlich auch, doch dort alleine auf Entdeckungstour zu gehen, kommt mir nicht in den Sinn. Es ist dieses Alleinsein, das dazwischensteht und mir die Lust nimmt, auch nur irgendetwas zu unternehmen, das nicht in unmittelbarer Beziehung zu meinem geschäftlichen Termin steht. Ich versuche es immer so einzurichten, dass ich möglichst spät im Hotel eintreffe und sich die Frage nach einem Abendessen schon von der Uhrzeit her gar nicht mehr stellt. Ich will einfach nicht noch irgendwo hingehen müssen. Wenn ich mit dem Auto unterwegs bin, halte ich oft noch kurz an einer Raststätte, an der ich mich mit etwas Brot und Käse sowie mit Getränken eindecke. Diesen frugalen Imbiss nehme ich dann im Hotelzimmer ein.

Anfangs habe ich gelegentlich das Hotelrestaurant aufgesucht, welches wenigstens den Vorteil bietet, dass man das Hotel an sich nicht mehr verlassen muss; im Speisesaal ein paar versprengte alleinreisende Geschäftsleute ausschließlich männlichen Geschlechts, jeder von ihnen an einem eigenen Tisch. Weibliche Gäste sieht man dort nie. Es gibt schon auch immer ein paar Frauen auf Geschäftsreise, aber diese trifft man eben nicht im Restaurant an. Ich vermute sie sandwichessend in der Zurückgezogenheit ihres Hotelzimmers ... Allein im Restaurant zu speisen verstärkt den Eindruck des Alleinseins noch, das will man nicht, und da spielt es dann auch keine Rolle, dass ein warmes Abendessen eigentlich viel mehr Spaß macht als das Fast Food von der Tanke. Also geht es gleich aufs Zimmer. Früher habe ich hin und wieder noch einen Kaffee an der Bar getrunken, aber auch das habe ich eingestellt, obwohl meine Lust auf Kaffee manchmal schon sehr groß ist. Die Atmosphäre ist einfach zu seltsam.

Frauen, die regelmäßig mehrere Male im Monat allein auf Geschäftsreise sind, erzählen genau dasselbe. Anders verhält es sich, wenn eine Frau ausnahmsweise zu einem bestimmten Anlass eine Auslandsreise unternehmen darf; im Bewusstsein, dass sich diese Gelegenheit so schnell nicht wieder bieten wird, nimmt sie sich vor, die freie Zeit in der fremden Stadt voll auszukosten, ob sie sich dabei nun pudelwohl fühlt oder nicht. Wenn das ständige Unterwegssein zur Routine wird und der innere Druck fehlt, etwas erleben zu müssen, gewinnt das Gefühl des Alleinseins die Oberhand. Ab diesem Zeitpunkt stellt man private Vorstöße in die fremde Umgebung völlig ein.

Meinen Aufenthalt noch um ein Wochenende zu verlängern, steht daher außer Frage. Während Freunde mich um die Möglichkeit beneiden, mich ständig in anderen Städten aufhalten zu können, erscheint mir ihre Situation viel erstrebenswerter als meine. An diesen Abenden in fremden Hotels male ich mir die häusliche Idylle meiner Freunde in den weichsten Farben aus und empfinde mein Alleinsein in der Fremde als umso trostloser.

Unter den ganzen Einzelreisenden in einem Hotel lerne ich auch nie jemanden kennen, wenn ich allein auf Geschäftsreise bin. Während ich gar keine Scheu habe, jemanden anzusprechen, wenn ich mit einem Kollegen unterwegs bin, kommt das auf Reisen, die ich alleine unternehme, nicht vor. Es bestände natürlich rein theoretisch die Möglichkeit, sich zum Beispiel beim Abendessen mit jemandem zu unterhalten, in der Realität ist das für mich völlig ausgeschlossen. Es käme mir seltsam anrüchig vor, als alleinreisende Frau das Gespräch mit einem alleinreisenden Mann zu suchen.

Stattdessen verbringe ich also den Abend im Hotelzimmer, fernsehend, lesend, arbeitend, essend. Telefonieren wäre eine Option, um den Eindruck der Isolation abzumildern; da ich aber höchst ungern telefoniere, ist es das für mich eben nicht. Ich habe selbst nur eine ziemlich diffuse Vorstellung davon, warum ich mich so schwer damit tue, in einer ungewohnten Umgebung auf eigene Faust etwas zu unternehmen. Zu Hause kommt es ja durchaus vor, dass ich alleine ein Café aufsuche oder die Nachmittagsvorstellung im Kino.

Gleichzeitig ärgere ich mich über mich selbst. Wieso nehme ich die Gelegenheit nicht wahr und sehe mich in einer Stadt um, von der andere träumen? «Geh raus und schau dir etwas an, statt dich im Fernsehen von stupiden Serien berieseln zu lassen!» Ich schaffe es nicht.

Ein Abend in Rom oder New York hat also die besten Chancen, sich auf der Ebene des Faktischen von einem Abend zu Hause kaum zu unterscheiden: auf dem Sofa herumlümmeln, Glotze, irgendetwas essen. Vielleicht schmeckt es zu Hause einen Tick besser.

Ohne Belang?

Warum die Herren beim Small Talk lieber unter sich sind

Die Interessengebiete von Männern und Frauen sind, wie neben der Alltagserfahrung auch Studien zeigen, unterschiedlich. Viele Herren unterhalten sich gerne über Sport, Politik und Autos, während die Mehrzahl der Frauen sich mehr für Mode, Literatur und Kunst interessiert. Ich bilde da keine Ausnahme.

Trotzdem muss man zu vielen Gelegenheiten eine gemeinsame Konversation ohne allzu viel Tiefgang bewältigen. Am Rande einer Konferenz ist das am leichtesten, wenn man sich plaudernd über den gemeinsam verbrachten Tag austauscht. Schwieriger wird es, wenn die Sitzordnung beim Abendessen vorsieht, dass die Mitarbeiter der einzelnen Unternehmen voneinander getrennt werden und man gezwungenermaßen eine Tafelrunde mit meist gänzlich unbekannten Herren bildet. Aus Compliance-Gründen scheiden berufliche Themen aus. Für den Einstieg greift man dann in aller Regel auf eine aktuelle politische Diskussion zurück. Auch nicht zu spezielle Wirtschaftsthemen sind geeignet, das Gespräch erst einmal in Gang zu bringen. Wer sich als Frau kaum bis gar nicht für das politische Geschehen auf nationaler und internationaler Ebene interessiert, hat schlechte

Karten. Um so einen Abend zu überleben, hilft nur der Blick auf Schlagzeilen und Leitartikel überregionaler Tageszeitungen. Man muss sich zumindest oberflächliches Wissen anlesen, um mitreden zu können.

Meistens wendet man sich im Anschluss recht schnell den laufenden Spielen der Bundesliga zu, je nach Zeitpunkt ergänzt durch den Austausch über internationale Turniere. Auch hier empfiehlt es sich, vor Besuch der Tagung die aktuellen Entwicklungen im Fußballsport beispielsweise schnell zu googlen, es muss kein Abonnement vom Kicker sein. Schlau tun reicht vollkommen und fällt niemandem auf. Diese Anforderungen an eine Führungskraft habe ich im Laufe meiner Karriere nicht immer erfüllt. Wenn mich zu Beginn meiner Laufbahn jemand nach meiner Meinung über eine Person des öffentlichen Interesses gefragt hat, konnte es vorkommen, dass ich diese nicht einmal kannte. Das war nicht nur peinlich, sondern disqualifizierte mich außerdem für den weiteren Gesprächsverlauf.

Die Gesprächsthemen werden immer von den Männern angestoßen, was daran liegen mag, dass sie sich am Tisch in der Mehrheit befinden und damit die Richtung vorgeben, in die sich die Unterhaltung entwickelt. Aus diesem Grund ist es sicher, dass sich die Tischgesellschaft im Laufe des Abends mit dem Thema «Autos» beschäftigen wird. Ob Politik, Fußball oder Automobile, mich begeistern alle drei Themen nicht übermäßig. Ich kenne aber Frauen, die sich ernsthaft dafür interessieren und außerordentlich gut informiert sind. Diese Frauen können natürlich viel leichter als ich im Gespräch Sinnvolles beitragen. Die Resonanz besonders der älteren Männer auf diese Form weiblichen Expertentums ist allerdings verhalten bis ablehnend. Die Meinungsführerschaft ist bei den Herren, die unmissverständlich zum Ausdruck bringen, dass sich eine Frau in diesen Bereichen gar nicht auskennen kann. Ich erinnere mich an eine Situation, als an meinem Tisch auch eine Frau saß, die sich um den gesamten Fuhrpark eines großen Unternehmens kümmerte und demzufolge natürlich eine ausgewiesene Autoexpertin war. Die technischen Details der neuen Modelle des Premiumsegments, für mich allesamt böhmische Dörfer, waren ihr vertraut, und vermutlich hätte sie den Vergaser im Motorraum nicht nur sicher orten, sondern bei Bedarf auch noch richtig einstellen können. Den Herren am Tisch war es sichtlich unangenehm, dass eine Dame über profunde Kenntnisse in diesem Bereich verfügte. Autos zu kennen und bewerten zu können, gut Auto fahren zu können, das Fahrzeug im Griff zu haben, all das scheint aus männlicher Sicht wie auch das Urteilsvermögen in fußballerischen Fragen etwas genuin Männliches zu sein, im Manne gleichsam angelegt wie das Kinderkriegen in der Frau. Eine Frau mit Interesse und Kompetenz in diesen Bereichen wird von den Herren als störend empfunden, denn sie betritt ein Gebiet, das den Männern vorbehalten ist.

Ganz ähnlich verhält es sich, wenn eine Frau kompetent über Fußball spricht. Bemerkungen wie «Ein interessantes Spiel gestern! Und wie spannend war das Elfmeterschießen!» werden geduldet, nicht gern hören die Männer von Frauen hingegen analytische Kommentare wie: «Die Abseitsentscheidung in der zweiten Halbzeit war völlig unberechtigt, der Linksaußen lief doch mit!»

Wer als Frau politisch interessiert ist, ist als Gesprächspartnerin ebenfalls nicht willkommen. Frauen, die in diesem Themengebiet beschlagen sind, haben oft viel gelesen und gehen dementsprechend intellektuell an die Sache heran. Die meisten Männer äußern sich zu politischen Ereignissen und Entwicklungen, ohne wirklich gut informiert zu sein. Wer aus dem Bauch heraus argumentiert, mag fundierte Gesprächsbeiträge von einer Frau nicht hören.

Männer beanspruchen die Themen Politik, Autos und Fußball für sich, ohne dass die Gründe dafür einleuchten. Sie fühlen sich unangenehm berührt, über diese Themen mit einer Frau zu diskutieren, die sich mehr als oberflächlich auskennt. Dabei handelt es sich nicht um Felder, die den Männern vorbehalten sind oder die in einem sehr privaten Bereich liegen. Auch Frauen fahren Autos, verfolgen das politische Geschehen und sehen sich sogar manchmal die Sportschau an. Die Vormachtstellung des männlichen Geschlechts in diesen Bereichen ist schon eine ganze Zeit vorbei, und doch scheint sie heute immer noch das Selbstbild des Mannes zu prägen. Mit Frauen, die dieses früher den Männern vorbehaltene Terrain betreten, unterhält sich vor allem der ältere Mann nicht gern. Er fühlt sich klein.

Ich beobachte das, ohne mich selbst allzu sehr verbiegen zu müssen, um nicht auf männlichen Widerstand zu stoßen. Meine Kenntnisse in den besagten Bereichen sind nicht so umfassend, als dass sie das Wissen meiner männlichen Gesprächspartner in den Schatten stellen könnten. Eine hier besser aufgestellte Frau müsste das Niveau und die Qualität ihrer Aussagen dem Gesprächsverlauf flexibel anpassen, um gemocht zu werden. Sie müsste versuchen, sich dauerhaft unter Wert zu verkaufen, um die Herren in ihrem Selbstwertgefühl nicht zu verletzen. Frauen wollen derartige Klimmzüge aber vermutlich nicht unternehmen, nur um sich das Wohlwollen der Männer zu sichern und diese in ihrem Selbstbild zu bestätigen. «Das steht ihr nicht zu», denken Männer, wenn die Tischnachbarin kenntnisreich über die letzte Regierungsumbildung, die Kurvenlage der neuen S-Klasse oder die Neuzugänge des FC Bayern spricht. *So what?*

Gratwanderung

Warum weder Abstinenz noch exzessives Trinken für Frauen im Management eine Option darstellen

Die Bedeutung einer Position, die jemand in einem Unternehmen bekleidet, bemisst sich auch daran, wie viel Zeit er oder sie auf Geschäftsessen verbringt. Der Gelegenheiten gibt es viele; der Restaurantbesuch mit Kunden gehört ebenso dazu wie das Diner zum Abschluss einer Tagung oder die Besprechung mit Kollegen beim Italiener.

Zu einem Geschäftsessen gehört immer Alkohol. Nach einem Aperitif gibt es Wein, den der Gastgeber aussucht. Diese Rolle fällt oft mir zu, da ich sowohl national als auch international viele Dutzend Kundengespräche im Jahr führe. Die Auswahl des passenden Weines stellte für mich lange Zeit ein nicht unerhebliches Problem dar, da ich aufgrund mangelnder Vorerfahrung in diesem Bereich nicht recht sattelfest war, mir dieses aber nicht anmerken lassen wollte. Mit der Zeit – mit anderen Worten: viele Geschäftsessen später – habe ich zumindest önologische Grundkenntnisse erwerben können. Auch war ich lange, mehr als mir lieb war, von der traditionellen Vorstellung geprägt, die Auswahl des Tischweines wäre eine originär dem Mann zustehende Aufgabe. Mittlerweile bewege ich mich aber mit einiger Souveränität auf diesem Terrain.

Nun bleibt es ja nicht bei der Auswahl des Weines, dieser will eben auch getrunken werden. Abstinenz in Sachen Alkohol kommt nicht gut, man kann den Gästen nicht verwehren, mit ihrem Gastgeber gemeinsam anzustoßen. So sind zumindest der Aperitif und ein folgendes Glas Wein «Pflicht» und damit unumgänglich. Wer es dabei belassen kann, hat kein wirkliches Problem. Meistens wird jedoch im Laufe eines Geschäftsessens erheblich mehr getrunken. Auch ich habe zu Beginn meiner Tätigkeit als Führungskraft dem Alkohol wesentlich unbekümmerter zugesprochen, als es heute bei mir der Fall ist. Inzwischen kontrolliere ich die Alkoholmenge sehr genau, die ich an einem Abend zu mir nehme, und nippe eher an meinem Glas, als wirklich einen Schluck zu trinken. Der Grund für diese Verhaltensänderung liegt in einem für mich sehr einschneidenden Erlebnis, das ich in Bezug auf Alkohol vor einigen Jahren hatte.

Für die leitenden Angestellten unseres Unternehmens fand eine interne Tagung in einer Kleinstadt im Burgund statt, an deren Ende ein Besuch eines Weinkellers stand, der sich unter der halben Stadt ausbreitete. Bei Kerzenschein und dezenter Musik wurden wir durch die Gänge des Kellers geführt und hielten immer wieder in mit kleinen Tischen gefüllten Nischen an, in denen uns Winzer ihre Weine vorstellten und anschließend zur Degustation kredenzten. Die Menge des angebotenen Weines war kaum limitiert, auf jedem der Holztische standen ein oder zwei Flaschen. Auf diese Weise ging es über etwa 15 Stationen dem Ausgang zu, den man aber erst nach gut vier Stunden erreichte. Die Stimmung in unserer Gruppe, im anfänglichen nüchternen Zustand der Teilnehmer noch etwas steif, steigerte sich von einer Weinnische zur nächsten. Wir hatten wirklich Spaß, und keiner achtete mehr auf die Mengen, die er sich in schneller Folge zuführte. Auch ich nicht. So verließen wir den Weinkeller einigermaßen angeheitert und traten wieder unter freien Himmel. Plötzlich merkte ich, wie meine beschwingte Trunkenheit einem Gefühl der Übelkeit Platz machte, das sich rasend schnell in mir ausbreitete. Durch die nächtlichen Gassen des burgundischen Städtchens traten wir den Rückweg ins Hotel an, und während meine Kollegen, fast ausschließlich Männer, das taten, was man, vom Alkohol erheitert, so tut, näherte ich mich gefühlt jeder zweiten der gepflegten Blumenrabatten, um meinen Mageninhalt irgendwie loszuwerden. Zum Glück befanden wir uns in einer *Ville fleurie* … Schnell fiel auch den anderen auf, was mit mir los war; sie waren eher amüsiert und machten ihre Späße, doch obwohl mir zu diesem Zeitpunkt hundeelend zumute war, empfand ich das Bild, das ich gerade für die Kollegen abgab, als extrem unangenehm.

Irgendwie schaffte ich es dann doch in mein Hotelzimmer. Die Übelkeit ließ nicht nach und begleitete mich die ganze Nacht und den nächsten Morgen, an dem an ein gemeinsames Frühstück gar nicht zu denken war. Als ich zur vereinbarten Abfahrt meine Kollegen wiedertraf, gab es noch einiges Gelächter und ein paar scherzhafte Anspielungen auf meinen Absturz in der vorherigen Nacht, doch nichts davon war boshaft gemeint. Es war vielmehr so, als ob ich mir durch mein exzessives Trinken eine Art Anerkennung bei den männlichen Kollegen erworben hatte. Es einmal «durchgestanden» zu haben, kein «Weichei» zu sein, hat mir geholfen, von Kollegen als eine von ihnen akzeptiert zu werden, ohne dass ich all dies natürlich durch mein Verhalten auch nur im Geringsten intendiert hätte. Aus heutiger Sicht würde ich sagen, dass dieses einmalige Sich-Abschießen damals gerade noch tolerierbar war, da ich mich zu diesem Zeitpunkt erst am Beginn meiner Karriere als Führungskraft befand. In der Position, die ich heute ausfülle, wäre ein solches Verhalten undenkbar.

An die Erfahrungen, die ich in jener Nacht gemacht habe, denke ich ungern zurück. Sie haben mir hingegen geholfen, darüber Gewissheit zu erlangen, wie viel ich wirklich trinken will und kann. Ich habe gemerkt, dass ich ganz einfach nicht so viel Alkohol vertrage wie die meisten Männer. Männer, so mein Eindruck, scheinen auch große Mengen Alkohol besser wegzustecken, sind nach durchzechter Nacht am nächsten Morgen doch wieder irgendwie leistungsfähig. Ich wäre, tränke ich mit den Männern ebenso ausgiebig mit, für den gesamten folgenden Tag so erledigt, dass an sinnvolle Arbeit nicht zu denken wäre – von anderen Knittererscheinungen ganz zu schweigen. Männer können sich außerdem, wenn es einmal ein Glas zu viel war, auch mehr herausnehmen als eine Frau, ohne dass es für sie eine rufschädigende Wirkung hätte. Manche werden sehr extrovertiert, andere leicht aggressiv, einige sind unter dem Einfluss von viel Alkohol albern. Die Witze werden derber, die Kellnerinnen werden umgarnt. Man stelle sich vor, eine weibliche Führungskraft würde in alkoholisiertem Zustand in eindeutiger Weise mit dem Kellner flirten! Oder sie erschiene am Frühstücksbüfett mit einer Fahne! Es scheint einen ungeschriebenen Verhaltenskodex zu geben, was bei Männern toleriert und bei Frauen abgelehnt wird.

Nun sind die Abende, an denen alle dem Alkohol zusprechen und ich mich über Stunden an zwei Gläsern Wein festhalte, für mich nur mäßig unterhaltsam, was in der Natur der Sache liegt. Man findet unter dem Einfluss von Alkohol eben andere Dinge lustig als im nüchternen Zustand. Manchmal suchen einzelne Herren die körperliche Nähe zu mir; da ich dann aber fast nichts getrunken habe, bin ich immer in der Lage, die Situation abzuwenden, ohne jemanden zu brüskieren. Der Balanceakt besteht für mich an diesen Abenden darin, so zu tun, als ob ich mittränke, und mitzulachen, ohne wirklich amüsiert zu sein, um nicht als Spielverderber zu gelten.

Achtung! Wilde Tiere!

Wie ich in aggressiv geführten Verhandlungen mit meinen eigenen Waffen kämpfe

Verhandlungen mit Geschäftspartnern, in denen es darum geht, sich auf den Preis für ein bestimmtes Produkt zu einigen, gehören nicht zu den leichtesten Aufgaben einer Führungskraft. Es geht in der Regel um viel Geld und darum, für das eigene Unternehmen das bestmögliche Ergebnis zu erzielen. Es steht also für beide Seiten eine Menge auf dem Spiel. Bestimmte Verhandlungspartner unseres Unternehmens sind als besonders schwierig bekannt, da sie äußerst aggressiv auftreten, regelrecht ausrasten oder ihr Gegenüber mit verbalen Attacken überziehen, die oft unter die Gürtellinie zielen. Da macht es keinen Unterschied, ob die Gegenseite von einem Mann oder einer Frau vertreten wird. Die Wucht der vorgebrachten Argumente trifft mich mit gleicher Härte wie meine männlichen Kollegen.

Diese, von der Aggressivität ihres Gegenübers provoziert, lassen sich zum Teil auf diesen Tonfall ein. Andere versuchen ruhig zu bleiben und wiederholen gebetsmühlenartig, worin die eigene Position besteht; dem feindselig agierenden Verhandlungspartner wird nahegelegt, sich zu überlegen, wie er denn mit diesem unveränderbaren Standpunkt umgehen möchte. Dieser läuft also, bildlich gesprochen, permanent gegen die Wand, was seine Aggression natürlich nicht abschwächt. Ob aggressiv oder auf dem eigenen Standpunkt verharrend, beide Verhaltensweisen lassen die Situation eskalieren, was für das Unternehmen bedeutet, dass es teuer wird. Stehen sich in einer Verhandlung zwei Alphatiere gegenüber, die jeweils dem anderen beweisen wollen, wie ungeheuer stark sie sind, hat das aus betriebswirtschaftlicher Sicht negative Folgen.

Dem Mann, der so verhandelt, geht es um Dominanz: Er will über den anderen triumphieren. Die Auseinandersetzung um die Sache tritt in den Hintergrund, wenn das eigene Ego befriedigt werden soll. Offenbar fühlen sich viele Männer besser, wenn sie ihr Gegenüber in die Knie gezwungen haben. Da es unter Anwendung dieser Verhandlungstaktik zwangsläufig auch immer einen Verlierer geben muss, lassen sich Männer bei schwierigen Verhandlungen nicht gerne begleiten. Anfragen von interessierten Trainees, die solche Verhandlungen gerne einmal hautnah erleben würden, um zu erfahren, wie es funktioniert, werden normalerweise abgewiesen. Eine schwierige Verhandlung, bei der viel zu gewinnen oder zu verlieren ist, berührt immer auch das männliche Ego; setzt man sich im Sinne des Unternehmens durch, wird auch das eigene Ego ein Stück größer, gewinnt der Gegner, ist das gleichzeitig eine persönliche Niederlage. Wenn man diese erleidet oder, um das Ergebnis für das Unternehmen nicht zu gefährden, von sich aus ein Stück zurückweichen muss, ist das für viele Männer ein unerträgliches Gefühl. Und in der als persönliche Schmach empfundenen Niederlage will man keine Zuschauer haben.

Auch ich habe immer wieder mit besonders unangenehmen Verhandlungspartnern zu tun, deren Aggressivität sich nicht erst im Laufe des Gespräches entwickelt, sondern die von Beginn an da ist. Meine Art, damit umzugehen, ist aber eine andere als die meiner männlichen Kollegen. Mein Ziel ist es zunächst, die Aggression aus dem Gespräch zu verbannen. Die Frage, ob mir das gelingen kann, ist eine der Herausforderungen, denen ich mich in dieser Art von Verhandlungen stelle. Ich versuche, mich auf der menschlichen Ebene meinem Gegenüber zu nähern und zu verstehen, warum er sich in einer bestimmten Weise verhält. Indem ich auf ihn eingehe, signalisiere ich ihm, dass ich unser Gespräch nicht als einen Kampf betrachte, in dem nur einer von uns als Sieger vom Platz gehen kann. Um es etwas kitschig auszudrücken: Ich möchte, dass wir am Ende der Verhandlung mit einem Lächeln auf den Lippen auseinandergehen.

Meine bewusste Weigerung, auf Aggressivität mit gleicher Münze zu reagieren, ist nicht primär der Tatsache geschuldet, dass mir eine aggressive Stimmung unangenehm ist. Das trifft auch zu, doch ist es nicht so, dass ich es nicht für einige Zeit aushalten könnte. Im Vordergrund steht meine tiefe Überzeugung, dass im Hinblick auf das zu erzielende Verhandlungsergebnis Aggression kontraproduktiv wirkt. Wenn ich mein Gegenüber zu meinem persönlichen Feind erkläre, wird es sehr schwierig, einen für beide Seiten zufriedenstellenden Kompromiss zu finden. Ich bin davon überzeugt, dass nur eine positive Veränderung der atmosphärischen Stimmung auch zu inhaltlich guten Ergebnissen führt. Das lässt sich auch an den Zahlen ablesen: Ich habe in den letzten Jahren gerade bei schwierigen Geschäftspartnern dauerhaft bessere Verhandlungsergebnisse erzielt, als es meinen männlichen Kollegen mit ebendiesen Personen gelungen ist. Mittlerweile kommt es vor, dass ich bei festgefahrenen Verhandlungen von Kollegen als Schlichterin dazugeholt werde. Dabei mag auch eine Rolle spielen, dass ich es als Frau fast ausschließlich mit männlichen Verhandlungspartnern zu tun habe. Der Hahnenkampf ist in dieser Konstellation einfach keine Option.

Vor einigen Jahren haben mich Verhandlungen mit besonderem Schwierigkeitsgrad tagelang vor und nach dem Ereignis selbst beschäftigt. In schlaflosen Nächten habe ich meine Verhandlungsstrategie im Vorfeld immer wieder durchgespielt oder im Nachgang kritisch beleuchtet, und der Gedanke daran, was für die Firma auf dem Spiel steht, wenn ich in dieser entscheidenden Verhandlung versage, hat mich einige Nerven gekostet. An die Stelle der angsterfüllten Betrachtung ist jetzt Freude getreten, die Freude, es zu schaffen, eine negative Grundstimmung zu verändern – und dadurch ein optimales Ergebnis für das Unternehmen zu erzielen.

Ich denke oft darüber nach, ob mein Wille, den dominant und herausfordernd auftretenden Gesprächspartner verstehen zu wollen, typisch weiblich ist oder einfach meine Eigenheit. Vielleicht ist bei mir die Fähigkeit, sich in andere Menschen hereinversetzen zu können und zu wollen, besonders ausgeprägt. Andererseits habe ich den Eindruck, dass sich Frauen generell mehr als Männer darum bemühen, auf eine Situation in atmosphärischer Hinsicht positiv Einfluss zu nehmen, obwohl ich auch Frauen begegnet bin, die in eine Verhandlung sehr viel sturer, wenn auch nicht dezidiert aggressiv hineingehen als ich. Auch mich regt das aggressive Gebaren meines Verhandlungspartners natürlich zunächst auf, doch in dem Moment, in dem der Ärger darüber in mir hochsteigt, kommt in mir die Frage auf, warum mein Gegenüber sich jetzt in dieser Weise verhält und was ich tun könnte, um die Sache gut zu Ende zu bringen. Ich will nicht zeigen, dass ich stärker bin. Ich will erreichen, dass das Gespräch gut verläuft und wir zu einem Ergebnis kommen, das für beide Seiten akzeptabel ist. Dieses möglich zu machen, verschafft mir eine ungeheure Befriedigung, und ich fühle mich gut. Also doch eine Egogeschichte.

«Alles meins!»

Über die Abhängigkeit des männlichen Selbstwertgefühls von Statussymbolen

Das Büro

Auf unserem Flur wurde es immer enger. Die Zahl der Mitarbeiter in meiner Abteilung nahm zu, die Anzahl der zur Verfügung stehenden Büros blieb gleich. Ich sah mich also mit der Aufgabe konfrontiert, die einzelnen Personen so auf die zur Verfügung stehenden Räume zu verteilen, dass sich niemand benachteiligt, zurückgesetzt, schlecht behandelt fühlen musste. Die Lösung bestand auch darin, dass ich mein großes und helles Büro räumte, in dem nun zwei meiner Mitarbeiter arbeiten, und mich in einer Art Vorzimmer zu diesem einrichtete, das man von seiner baulichen Beschaffenheit als klein und länglich beschreiben könnte, spärlich erhellt durch ein ziemlich kleines Fenster an seinem Ende, aus dem der Blick nicht auf die Rasenfläche im Innenhof, sondern auf den betonierten Parkplatz fällt.

Dort traf mich nun ein Kollege aus einer anderen Abteilung unseres Unternehmens an, mit dem ich einen Termin vereinbart hatte:

– Wohin gehen wir?

– Lassen Sie uns hier in meinem Büro bleiben.

– Das ist Ihr Büro?

– Ja. Wieso?

– Nee, nichts. Aber warum ist es so klein?

– Anders hätten wir hier nicht alle Platz gefunden.

Über meine Entscheidung, aus sachlichen Gründen heraus diesen bescheidenen Raum zu meinem Büro zu machen, stolpern viele. Mein Büro ist, gemessen an der Funktion, die ich im Unternehmen ausübe, kein bisschen repräsentativ. In den Augen der anderen schraubt es mich herunter, denn der eigene Rang muss offenbar nach außen sichtbar dokumentiert werden. Ein durch seine pure Größe beeindruckendes Büro ist ein Statussymbol, das Anerkennung, vielleicht sogar Respekt verschafft. Seltsamerweise kam meine Entscheidung auch bei meinen Mitarbeitern nicht gut an. «Du machst damit die ganze Abteilung klein», kritisierten sie. Dabei war meine Entscheidung nicht nur von dem altruistischen Gedanken getragen, jeder Mitarbeiter möge einen ihm zusagenden Arbeitsplatz finden. Ich habe dabei durchaus auch an mich gedacht. Mir war es wichtiger, die Abteilung zusammenzuhalten, als zu «residieren». Ich will mit meinen Mitarbeitern zusammenarbeiten, keiner soll abseits stehen, auch ich nicht.

Während ich mich also, eingepfercht zwischen Computer und Aktenschrank, in einem ganz und gar unprätentiösen Büro eingerichtet habe, sind die Büros aller männlichen Führungskräfte außerordentlich geräumig. Ganz am Ende eines großen Raumes steht ihr Schreibtisch. Wer hier zum Chef geht, dem wird ganz automatisch Respekt abgenötigt. Die räumliche Distanz, die es zu überwinden gilt, um am Schreibtisch anzukommen, schafft persönliche Distanz, macht den Unterschied deutlich, der zwischen dem Vorgesetzten und seinem Mitarbeiter besteht. Es ist im Grunde ganz genauso wie auf der Schlosstreppe, an deren oberem

Ende der Monarch auf seine Besucher wartete. Ein großes Büro inszeniert die Macht, über die jemand qua seiner Funktion verfügt.

Ich bin mir bewusst, dass meine Scharade für einen männlichen Chef undenkbar wäre. Sein Büro ist Teil seines Besitzstandes, den es unter allen Umständen zu wahren gilt. Hätte er ein ähnliches Problem der Platznot wie ich in meiner Abteilung, so müsste eben der eine oder andere Mitarbeiter ausquartiert werden.

Das Auto

Autos interessieren mich nicht besonders, ich kenne mich in diesem Thema kaum aus und betrachte daher auch die Auswahl eines Firmenwagens gänzlich emotionslos. Vielleicht ist das eher typisch Frau?

Ganz anders jedenfalls die Herren. Die Entscheidung für ein bestimmtes Modell ist ein Riesenprozess, der sich über Monate hinziehen kann. Man wägt zum Beispiel ab, ob der Motor des anvisierten Fahrzeugs kraftvoll genug ist, damit dessen Leistungsstärke durch den Literzusatz auf dem Heck für alle sichtbar vermerkt werden sollte. Allein diese Diskussion sorgt unter den Männern für Neckereien untereinander – «Ach, ich glaube, ich verzichte darauf. Dann bist du nicht jedes Mal frustriert, wenn du mein Auto siehst.» Auf meinem Fahrzeug fehlt diese Angabe. Meine «Maschine» ist nämlich so klein, dass selbst der Autohändler warnte, mit einem so wenig leistungsfähigen Motor würde ich mich auf der Autobahn fühlen, als wäre ich mit einem Traktor unterwegs. Ich weiß nicht genau, wie er das meinte, denn ich habe immer den Eindruck, schnell genug voranzukommen.

Von ebenso großer Bedeutung ist die Anzahl der PS. Männer untereinander vergleichen sie wie früher beim Quartettspielen – «170 PS? 200!» –, es ist Quartett für Erwachsene, nur eben mit richtigen Autos. Liter und PS sollten sich bei zwei Männern des gleichen beruflichen Ranges möglichst wenig unterscheiden, wenn diese über ihre Autos sprechen. Sind zwei Männer auf unterschiedlichen Ebenen der Firmenhierarchie tätig, müssen zwei Zahlen diese hierarchische Differenz abbilden: «Der kann keine Drei-Liter-Maschine bestellen, damit ist der viel zu nah an mir dran!»

Die Entscheidung für ein bestimmtes Auto ist also nicht in erster Linie dem persönlichen Geschmack geschuldet. Das Auto soll vielmehr die Bedeutung der eigenen Person transportieren. Ziel der allermeisten Männer ist es, etwas zu besitzen, das größer, teurer, besser und schneller ist als das, womit das männliche Gegenüber aufwarten kann. Die Strahlkraft des Statussymbols hat in Bezug auf das Automobil offenbar den eigenen Geschmack weitgehend verdrängt. Auf Tagungen parkt man oft nebeneinander, man vergleicht die Gefährte. Ich stelle mein Auto meistens ein bisschen weiter entfernt ab, werde aber in diese Art von Gespräch sowieso nicht einbezogen. Manchmal, wenn ich davon ein wenig genervt bin, stelle ich mir vor, einmal mit einem besonders leistungsstarken Boliden vorzufahren, der alle anderen Autos auf dem Parkdeck in den Schatten stellt. Einfach nur so, um zu sehen, was dann passiert.

Große und schnelle Autos scheinen Männer in besonderem Maße zu beeindrucken. Das beobachte ich schon bei meinem fünfjährigen Neffen, der auf Familientreffen immer mit seiner Tante mitfahren will, die anscheinend das größte Auto in der Verwandtschaft fährt (mit seinen fünf Jahren ist er noch nicht so weit, dass er auf Anhieb erkennt, dass es mit der Motorkapazität nicht ganz so weit her ist …). Ich soll dann immer ganz schnell fahren und vor allen anderen am Restaurant eintreffen. Meine ebenfalls mitfahrenden Nichten sind da ganz indifferent. Ob «in der Genetik verankert» oder durch Erziehung erlernt, das Verhältnis der meisten Männer zu ihrem Auto ist sehr emotional geprägt.

Ich habe mich übrigens bezüglich meines Firmenwagens nicht in allen Punkten mit der Standardausstattung begnügt, sondern mir eine besonders hochwertige Musikanlage bestellt. Damit will ich niemanden beeindrucken, sondern nur einfach während der Fahrt meine Lieblingsmusik in richtig guter Qualität hören. Und laut mitsingen, versteht sich.

Mensch bleiben

Vom Umgang mit «Humankapital»

Wenn man wie ich in einem großen Unternehmen beschäftigt ist, ist der häufige Wechsel des Reinigungspersonals an der Tagesordnung. Für Auswahl und Einsatz der Reinigungskräfte sind andere zuständig, und die meisten Mitarbeiter bekommen diese auch nur sehr sporadisch zu Gesicht, da die Arbeit der Reinigungskräfte in der Regel dann beginnt, wenn die Mitarbeiter ihren Arbeitstag bereits beendet haben. Das ist bei den Führungskräften anders, doch meine gleichrangigen männlichen Kollegen nehmen die putzenden Frauen kaum wahr, wenn diese nicht durch ein besonders attraktives Äußeres Aufsehen erregen. Sind sie nicht zum Anbeißen, erlischt die Freude des Hinguckens. Man ignoriert sie, ein Topmanager hat mit einer Reinigungskraft nichts zu schaffen. Vertikales Denken ist auf Führungsebene einfach nicht sehr populär. Diese Attitüde ist mir auch von anderen Unternehmen bekannt, in denen manchmal für Führungsmannschaft und Vorzimmerdamen separate Weihnachtsfeiern ausgerichtet werden. Den Grund für diese Trennung bekommen die Damen gleich mitgeliefert: «Das ist doch nichts für Sie!»

Als Führungskraft bin ich oft noch abends im Büro. Auf diese Weise habe ich die Bekanntschaft der drei Damen gemacht, die für die Reinigung der Vorstandsetage zuständig waren. Sie kamen entgegen der sonst üblichen Fluktuation bereits seit einem Jahr jeden Abend, und zwischen uns hatte sich im Laufe der Zeit ein persönliches Verhältnis herausgebildet; die Frauen wollten zum Beispiel wissen, welche Personen auf meinen Fotos auf der Fensterbank zu sehen waren, und holten sich bei mir Rat, wenn der türkische Ehemann zu Hause der Tochter verbieten wollte, geschminkt aus dem Haus zu gehen. «Wie ist das in Deutschland?», wollten sie wissen. Ging es mir einmal nicht so gut, wurde ich ohne Umschweife gefragt: «Du siehst so traurig aus? Was hast du?», und auch eine spontane Umarmung kam vor. Jeden Abend wechselten wir ein paar Sätze, und es entstand etwas, das über die bloße Reinigung der Räume hinausging.

Eines Abends erschienen die drei Frauen in gedrückter Stimmung. Sie würden bald nicht mehr bei uns arbeiten, unser Unternehmen habe den Anbieter gewechselt, und da wir ein Großkunde seien, solle den drei Frauen von ihrem Arbeitgeber gekündigt werden, weil dieser sie mangels Aufträgen in keinem anderen Unternehmen einsetzen könne. Für eine der drei Frauen war die bevorstehende Entlassung besonders dramatisch, da ihr Ehemann ebenfalls vor dem Verlust seines Arbeitsplatzes stand. Als ich von der Misere erfuhr, versprach ich, in der zuständigen Abteilung einmal nachzufragen, erkundigte mich aber zuvor noch bei den dreien nach ihrem Stundenlohn, der mir sehr gering erschien.

Der Mitarbeiter, der den Anbieterwechsel der Reinigungsfirma initiiert hatte, führte allein ein finanzielles Argument ins Feld, um seine Entscheidung zu begründen: Man habe, so führte er aus, den Stundenlohn der einzelnen Reinigungskraft um einen Betrag von mehreren Cent senken können, da die neue Reinigungsfirma einfach billiger sei. Ich entgegnete, dass wir mit der Arbeit der Mitarbeiterinnen der alten Reinigungsfirma außerordentlich zufrieden seien und ich darüber hinaus den ständigen Wechsel der reinigenden Personen für wenig effektiv halte, da jede neu hinzukommende Reinigungsfrau sich erst wieder mit den Örtlichkeiten vertraut machen müsse. Die Entscheidung, so mein entfernter Kollege, sei aber bereits gefallen und nicht mehr rückgängig zu machen, er könne aber prüfen, ob man noch etwas für die Situation «meiner» drei Damen tun könne.

Da mich die Tatsache, einen Menschen, der gute Arbeit leistet, auf die Straße zu setzen, um einen Minimalbetrag einzusparen, nachhaltig empörte, beschloss ich, den Firmenchef selbst darauf anzusprechen. Wir waren uns schnell darüber einig, dass es, wenn es einem Unternehmen gut geht, auch den in ihm arbeitenden Menschen gut gehen sollte und dass der einzelne Mensch bei dieser aktuellen Entscheidung nicht berücksichtigt worden war. Ich erreichte, dass die drei Frauen unter Beibehaltung ihres alten Gehaltes von der neuen Reinigungsfirma übernommen wurden und weiterhin in unserer Firma eingesetzt wurden. Für eine der drei ergab sich kurze Zeit später die Möglichkeit einer Festanstellung in unserem Unternehmen, und ihre Bewerbung dafür wurde von Mitarbeitern meiner Abteilung nach Kräften unterstützt. In meinem Büro entstand nach Feierabend das Foto für ihren Lebenslauf, das nach mehreren Versuchen den formalen Anforderungen einigermaßen gerecht wurde. Die Kandidatin erhielt Ratschläge zur Formulierung des Bewerbungsschreiben, und schließlich erhielt sie auch den Job.

Nachdem ich die Angelegenheit im Sinne der drei türkischen Damen durchgefochten hatte, nahm ihre Arbeit bei mir völlig andere Formen an. Mein Büro wurde nach allen Regeln der Kunst gewienert, auch wenn man dadurch das festgelegte Zeitbudget pro Raum überschritt. Beteuerungen meinerseits, nun sei aber wirklich alles sauber und rein, wurden geflissentlich überhört. In diese Zeit fiel die Planung einer privaten Feier, die ich ausrichten wollte; ich fragte eine der Damen, ob sie daran interessiert sei, dieses Fest mit selbst gemachten türkischen Speisen zu bestücken. Sie sagte gerne zu, was aber zur Folge hatte, dass ich während der folgenden Tage und Wochen jeden Abend mit wechselnden türkischen Gerichten versorgt wurde, die ich unbedingt im Hinblick auf die Auswahl für das Fest testen musste. Es gab Weinblätter mit Reis, Bulgursalat, Schüsseln mit einer scharfen Joghurtcreme, verschiedene Süßspeisen im Wechsel und Lahmacun. Die Mengen waren so bemessen, dass sich quasi die gesamte Abteilung am folgenden Tag daran satt essen konnte.

Man darf keine Angst davor haben, als «nett» zu gelten – diese Etikettierung haftet mir an, doch lässt sie mich unberührt. Warum sollte es nicht zum Rollenbild einer Führungskraft passen, «nett» zu sein? Menschliches Verhalten endet nicht auf einer bestimmten Ebene, sich für andere einzusetzen ist keine Frage der Hierarchie. Für eine Führungskraft, sei sie männlich oder weiblich, ist dieses Engagement vielleicht leichter zu zeigen als für Mitarbeiter unterer Ebenen.

Versuch vorläufig gescheitert

Über mein ergebnisloses Bemühen,
der Uniformität des dunklen Zwirns
einen eigenen Kleidungsstil entgegenzusetzen

Die zentrale Frage, die mich in puncto Kleidung für den Job seit Jahren beschäftigt und die ich für mich – so viel sei vorweggenommen – bisher nicht zufriedenstellend beantworten konnte, lautet: Was ziehe ich im Büro an, wenn mir der Kanzlerinnenstil zu unaufregend ist? Ich muss etwas Tragbares finden, das mir gefällt und damit nicht zu seriös ist, ohne deswegen aber im beruflichen Umfeld übertrieben extravagant und damit deplatziert zu wirken. Irgendetwas zwischen dunklem Hosenanzug und Folklore eben.

Eine Zeit lang habe ich versucht, mich an den Männern zu orientieren. Männliche Führungskräfte (und nicht nur die) besitzen in der Regel vier oder fünf Anzüge in unterschiedlichen, stets gedeckten Farben, ergänzt durch ein Sortiment von Hemden, Krawatten und Schuhen. In einer Art Rotation wird jeden Tag ein anderer Anzug getragen. Wer vier oder sechs Anzüge sein Eigen nennt, vermeidet, einen «Montagsanzug» zu kreieren, und sorgt damit für ein wenig Abwechslung. Ich war anfangs von diesem System fasziniert, ja, es keimte Hoffnung in mir auf, dass es so gelingen könnte, die allmorgendliche Prozedur, sich für ein Outfit

entscheiden zu müssen, und den damit verbundenen Zeit-
verlust künftig zu vermeiden. Tatsächlich ist es so, dass ich
morgens in der Regel mehrere Kleidungsvarianten durch-
probiere und wieder verwerfe.

So begab ich mich also auf die Suche nach zwei oder drei
klassischen Outfits für formelle Anlässe und für die Tage,
an denen einfach keine Zeit bleibt für das Herumexperimen-
tieren am Morgen. Ganz auf Hosenanzüge umzustellen erschien mir schon damals nicht machbar. Ich wollte zwischendurch immer wieder individuelle Kleidung tragen
dürfen, die zu mir und meiner Persönlichkeit passt, doch ein
paar seriöse Ensembles sollten es nun doch sein.

Der erste Gang führte mich in Kaufhäuser und Bouti-
quen. In einer Art Marktanalyse versuchte ich mir einen
Überblick darüber zu verschaffen, was der Einzelhandel so
an Hosenanzügen bereithielt. Derer gab es an der Zahl
viele, darunter die allermeisten in schlichtem Schwarz oder
Anthrazit gehalten. Relativ ernüchtert suchte ich nach alternativen Wegen, an einen individuelleren, auch auffälligeren
Hosenanzug zu kommen. Mit dem Hosenanzug an sich
konnte und wollte ich mich ja durchaus anfreunden, doch
fand ich ihn in Grau oder Schwarz einfach viel zu langweilig.
Also musste ein Schneider her. Ich erinnerte mich an den
Rat einer Freundin, die in den höchsten Tönen von einer
Schneiderin geschwärmt hatte, mit deren Arbeit sie ganz
außerordentlich zufrieden gewesen sei. Nun befand sich
das Atelier der mir empfohlenen Dame mehr als 500 km von
meinem Wohnort entfernt. Dort etwas schneidern zu lassen,
kam mir zuerst ein wenig schräg vor, doch da ich prinzipiell
nichts gegen leicht schräge Aktionen einzuwenden habe,
war der erste Termin schnell vereinbart. Am Telefon wurde
mir erläutert, dass von der ersten Besprechung bis zum fertigen Kleidungsstück mit drei Terminen zu rechnen sei.

Die Besprechung vor Ort machte einen guten Eindruck auf mich. Ich beschrieb, an was ich gedacht hatte, und fühlte mich von der Schneiderin gleich verstanden. Fürs Erste gab ich einen Hosenanzug in Auftrag. Der Preis ließ mich schlucken. Ich sagte mir aber, dass ich ein außergewöhnliches Kleidungsstück erhalten würde, das perfekt auf meinen Geschmack zugeschnitten sein würde, und dass so etwas nun einmal nicht für einen Appel und ein Ei zu bekommen sei. In gehobener Stimmung begab ich mich wieder auf den Heimweg – im Flugzeug, da die Strecke ansonsten schwerlich an einem Tag hin und zurück hätte bewältigt werden können.

Beim zweiten Besuch kam es bereits zur Anprobe eines Probeblazers aus einem günstigen Stoff. Ich hatte an eine längere Jackenform gedacht, wurde aber von der Expertin jetzt dahingehend beraten, dass mir kürzere Blazer sehr viel besser ständen. Dann konfrontierte sie mich mit einer Reihe von Fragen: Bevorzugte ich Standard- oder Prinzessnähte? An welche Knöpfe hatte ich gedacht? Wie viele Knöpfe sollte der fertige Blazer haben? Nachdem ich das mit fachkundiger Hilfe geklärt hatte, ging es an die Stoffauswahl, ein schwieriges Unterfangen, da man auf Grundlage eines Quadratzentimeters Musterstoff eine Entscheidung treffen muss. Ich träumte von Aubergine oder Dunkelgrün, weil es ja eben keine Kopie eines Herrenanzuges werden sollte. Solche Farben enthielt die Musterstoffpalette überhaupt nicht. Eigentlich erinnerten die Stofffetzen in ihrer reduzierten Farbigkeit sehr an das, was ich schon im Einzelhandel gesehen hatte. Ich optierte schließlich für einen braunen Wollstoff, der immerhin einen dezenten Streifen aufwies. Ob meiner Entscheidung empfing ich von der Schneiderin lebhafte Komplimente, später wurde mich klar, dass dafür nicht nur mein guter Geschmack der Anlass war. Der Preis für den

Anzug hatte sich nämlich eben mal verdoppelt, da der Stoff nicht im ursprünglich genannten Endpreis enthalten war. Ich musste wiederum schlucken, tröstete mich aber nochmals mit der Aussicht auf ein besonders schönes Stück. Was die Detailausführung des Anzuges betraf, so überließ ich diese der Erfahrung meiner Schneiderin, betonte aber, dass sie doch bitte auf die Einarbeitung von Bund- und Bügelfalten verzichten solle. Ich möge diese einfach für mich nicht. Außerdem wolle ich keine gerade Hosenform. Diese, so die Schneiderin, sei für mich aber geradezu ideal. Mit Mühe konnte ich mich durchsetzen.

Das Erste, was ich anlässlich des dritten und letzten Termins bemerkte, waren Bügelfalten! «Die können Sie ja zu Hause herausbügeln!» Das war dann selbst mir zu viel; freundlich, aber bestimmt verlangte ich, dass die Schneiderin dafür doch bitte selbst Sorge tragen möge. Die Knöpfe, die ich beim letzten Besuch ausgesucht hatte, waren durch «passendere» ersetzt worden. Der fertige Anzug war und ist tragbar, aber er ist so normal, dass er keinem auffällt. Er ist so klassisch geraten, dass ich ihn mir in einem Geschäft niemals gekauft hätte. Und er ist kein bisschen das, was er sein sollte: ein Kleidungsstück, das den Spagat zwischen Bürokleidung und individueller Note schafft.

Obwohl mich das Ergebnis einigermaßen ernüchterte, gab ich noch nicht auf. Vielleicht hatte ich mich einfach nicht klar genug ausgedrückt, meine Vorstellungen nicht hinreichend deutlich wiedergegeben. Einen weiteren Versuch wollte ich noch starten. Ein leichtes Sommerkleid für das Büro sollte es jetzt sein. Ich beschrieb der Schneiderin sehr genau, wie ich mir das fertige Kleid vorstellte. Aus welchen Einzelpositionen sich der Endbetrag zusammensetzte, wusste ich jetzt auch. Dieses Mal glaubte ich mich vor bösen Überraschungen sicher, dieses Mal musste es klappen.

Der Schnitt war schnell skizziert. Farblich hatte ich an einen geblümten Stoff gedacht, doch sofort intervenierte die Fachfrau und empfahl Blau: «Ihre Farbe.» Blau trage ich so gut wie nie. Na ja, sie würde schon wissen, was sie tat. «Darüber ein leichter Tüll.» Das hätte mich aufmerken lassen müssen. Tat es aber nicht. Ich dachte an ein sparsam mit Tüll verziertes Kleid in meinem Bestand, das mir gut gefiel. Warum also nicht ein bisschen Tüll.

Das Musterkleid aus Billigstoff war perfekt. Als ich wenige Wochen später zur Anprobe des eigentlichen Kleides erschien, war der verarbeitete Tüllstoff nicht zu übersehen. Die Ärmel waren komplett aus diesem Material gefertigt. Meinem skeptischen Blick setzte die Schneiderin das Argument entgegen, der leichte Tüll nehme dem einfarbigen Blau des restlichen Kleides seine Wuchtigkeit. Das fertige Stück war schließlich tüllüberzogen, von oben bis unten. Als ich mich darin das erste Mal im Spiegel betrachtete, war ich entsetzt. Es war gar nicht daran zu denken, dieses Kleid auch nur irgendwo zu tragen, geschweige denn im Büro. Man könne es natürlich noch etwas auflockern, schlug die Schneiderin vor. Sie denke an Strasssteinchen und eine dezente Schleife. Ich wurde belehrt, dass bei hochgewachsenen Frauen generell der Eindruck allzu flächiger Farbigkeit unterbrochen werden müsse. Ich war zu konsterniert, um meinen Assoziationen in Bezug auf Strasssteinchen Ausdruck zu verleihen. Im Grunde war mir in diesem Moment bereits klar, dass das Projekt Bürokleid zum Scheitern verurteilt war.

Ich frage mich manchmal, was eine Schneiderin wohl denkt, wenn sie Kunden für viel Geld etwas verkauft, was diese so nicht bestellt haben. Ist es «Ach du heiliger Bimbam, was habe ich der denn verkauft?» oder eher «Toll, was ich da wieder zustande gebracht habe!»? Anlässlich unseres letzten

Zusammentreffens eröffnete sie mir jedenfalls, sie sei sich nun ganz sicher, meinen Geschmack in Sachen Mode zu kennen. Flugs warf sie ein paar Strichzeichnungen von Kostümen auf ein Blatt Papier, die mir hundertprozentig gefallen müssten. Als ich diese Kostüme sah, war mir klar, dass es höchste Zeit war, diesen Kontakt zu beenden.

Das Kleid, schlimm auf einem Bügel, noch schlimmer an mir, habe ich nicht ein einziges Mal getragen. Das Projekt Hosenanzug, verbunden mit dem Versuch, es den Männern gleichzutun, ist ebenfalls gescheitert. Das liegt nicht nur daran, dass das maßgeschneiderte gute Stück so wenig Esprit aufweist. Ich bin einfach nicht so, dass ich jeden Tag das fast Gleiche tragen möchte. Das ist mir zu eng. Ich bin nicht nur eine Frau im Herrenanzug, ich bin mehr und möchte es zeigen. Auch im beruflichen Alltag will ich eine Frau bleiben und viel auffälliger sein dürfen als die Männer. Es geht mir darum, Weiblichkeit und Individualität über die Kleidung ausdrücken zu können, ohne zu schockieren. Damit möchte ich auch andere Frauen in der Führungsetage dazu ermutigen, sich mehr zu trauen und die Grenzen des Normalen ein wenig zu sprengen. Dabei ist der Spielraum, den Frauen in diesem Bereich haben, nicht sehr groß. Im Management muss das klassische Element der Kleidung immer dominant bleiben. Aber warum sollte man es nicht durch einen Schuss Extravaganz, ein bisschen Operette, ein wenig individuellen Witz bunter machen?

Erwartet wird von Frauen in der Führungsetage im Idealfall ein dunkler Hosenanzug oder ein «anständiges» Kostüm, dessen Rock nicht zu kurz ist, beides kombiniert mit heller Bluse, Perlenohrring und dezentem Kettchen. Das ist nicht meins. An dem Versuch, mich davon abzuheben, ohne peinlich zu wirken, bastele ich seit Jahren herum.

Tonstörung

Gilt die Höflichkeitsordnung auch in der Führungsetage?

Wem «Umgangsformen» zu sehr nach *old school* klingen, möge den Begriff durch «kleine Aufmerksamkeiten» ersetzen, die man anderen Menschen im direkten Kontakt entgegenbringt. Ich finde es angenehm, im Gespräch nicht von einem hinzukommenden Dritten in rüder Form unterbrochen zu werden; mir gefällt es, wenn mir die Tür nicht ins Kreuz fällt, sondern für mich aufgehalten wird; ich schätze es, wenn sich mein Tischnachbar beim Abendessen auch mit mir unterhält, anstatt mir über Stunden seinen Rücken zuzukehren.

Wer mit dem Topmanagement ein besonders kultiviertes Verhalten assoziiert, liegt falsch. Von Ausnahmen abgesehen, sind im Berufsalltag der Alphatiere Umgangsformen außer Kraft gesetzt, besonders wenn man sich schon länger kennt. Das bei ersten Zusammentreffen noch erkennbare Bemühen, sich besonders höflich zu verhalten, bricht nach einiger Zeit weg. Die frohe Botschaft: Die Emanzipation der Geschlechter hat hier voll gegriffen, den wenigen Frauen kommt im Umgang mit den vielen Männern der Führungsebene keine Sonderbehandlung zu. Mein Problem damit ist, dass ich gegen eine zuvorkommende Behandlung seitens der Männer gar nichts einzuwenden hätte.

Augenfällig wird diese Gleichbehandlung zum Beispiel auf Managementtagungen, wenn wir viel Zeit miteinander verbringen. Gibt es beim gemeinsamen Abendessen eine Vorspeisenplatte, von der sich mehrere Personen bedienen können, muss man sehen, wo man bleibt. Manche Männer schaufeln sich erst mal die Hälfte der angerichteten Antipasti auf ihren Teller. Wer da in höflicher Zurückhaltung abwartet, riskiert, mit der Salatdekoration oder bestenfalls einem verlorenen Cornichon als Starter vorliebnehmen zu müssen. Meine Erziehung hatte mir vermittelt, mich auch bei Tisch in Bescheidenheit zu üben und anderen den Vortritt zu lassen. Die Erfahrung im Topmanagement lehrte mich, meinen Anteil an der Vorspeisenauswahl genau zu bestimmen und meiner Umgebung zu signalisieren: «Das ist jetzt meins, das nimmst du nicht.» Mit elaborierten Umgangsformen hat das natürlich nichts mehr zu tun. Wer aber meint, irgendwann müssten es doch auch die Herren selbst merken, dass durch ihr allzu robustes Auftreten weniger auf den eigenen Vorteil bedachte Personen in die Ecke gedrängt werden, irrt. Grobe Unhöflichkeit ist kein einmaliger Fauxpas. Wäre sie das, müsste es gelegentlich vorkommen, dass «Mann» sich im Nachhinein einmal dafür entschuldigt. Das passiert nie. Ein solches Verhalten ist vielmehr Ausdruck eines übersteigerten Ich-Gefühls, das keinen Platz lässt für die Wünsche und Erwartungen anderer. Der Sturm auf den Antipastiteller steht da für viele ähnliche Situationen. Wenn ich als Frau nicht unmissverständlich äußere, was genau ich will, habe ich keine Chance. Dann werde ich einfach überrannt.

Ganz ähnlich ist es mit dem Gesprächsverhalten meines Tischnachbarn. Durch schlechte Erfahrungen gewarnt, erinnere ich meinen Tischherrn, wenn ich ihn gut kenne, bereits vor dem Essen daran, dass ich als seine Tischdame erwarte, von ihm beachtet zu werden. Trotz seiner Beteuerungen, das sei doch selbstverständlich, sehe ich, gerade am Tisch angekommen, nur noch seinen Rücken. Der auf der anderen Seite sitzende männliche Tischnachbar ist offenbar viel interessanter. Natürlich kann man ein Gespräch bei Tisch auch zu dritt führen, doch die abweisende Körperhaltung gibt mir deutlich zu verstehen, dass das nicht erwünscht ist. Selbstverständlich kommt es auch bei mir vor, dass ich einen Tischnachbarn als Gesprächspartner interessanter finde als den anderen. Doch immer bemühe ich mich, niemanden auszugrenzen, und versuche, auch im Gespräch mit weniger unterhaltsamen Kollegen oder mit solchen, mit denen mich nicht viel verbindet, Themen zu finden, die uns beide interessieren. Männer bemühen sich in vergleichbarer Lage nicht, ihre nächste Umgebung in eine Unterhaltung zu verwickeln. Sie wenden sich in der Regel sofort und ohne Umschweife dem Gesprächspartner zu, der ihnen am liebsten ist. Und das ist fast immer auch ein Mann. Wenn ein Mann nicht gerade ein besonderes Interesse an einer Frau als Frau hat, ist ihm der Umgang mit Männern sehr viel lieber. Dann ist es fast wie früher: Die vielen Männer bilden eine Art geschlossene Gesellschaft. So ein Abendessen als einzige Frau unter einem Haufen sich zusammenrottender Männer kann Längen haben. Die Gleichrangigkeit, die zwischen den speisenden und diskutierenden männlichen Führungskräften und der einen Frau auf dem Papier bestehen mag, findet hier ein Ende. Das männliche Rudel gibt den Ton an. Die weibliche Führungskraft findet sich unversehens in der Rolle der passiven, untergeordneten Frau wieder, die von ihren männlichen Kollegen verbal überrollt wird. Ein Befreiungsschlag kann hier nur gelingen, wenn sich die Frau zu einem originär maskulinen Verhalten durchringen kann: Sie muss laut sein, anderen schonungslos ins Wort fallen und männerdominierte Themenfelder wie Autos und Fußball zumindest in Ansätzen auf dem Schirm haben.

Meistens ist es mit den Umgangsformen besser bestellt, wenn man sich in einem Vier-Augen-Gespräch mit jemandem unterhält. Die Gruppe scheint schlechtem und unhöflichem männlichem Verhalten Vorschub zu leisten, und die Gruppe beginnt hier schon bei zwei Männern und einer Frau. Ich bin in durchaus ernsthaftem Zwiegespräch mit einem männlichen Kollegen, das abrupt beendet wird, wenn ein weiterer männlicher Kollege dazukommt. Da bleibt es nicht bei einer kurzen Begrüßung oder, wenn kein Raum mehr bleibt, um das Gespräch an dieser Stelle fortzusetzen, einem ordentlichen Gesprächsabschluss mit der Perspektive auf die Fortsetzung zu einem späteren Zeitpunkt. Nein, es ist vielmehr so, als hätte unsere Unterhaltung nie stattgefunden. Nicht nur sie ist wie inexistent, auch ich bin es ab dem Moment, in dem ein weiterer Kollege den Raum betritt.

Auch der, der in ein Gespräch hineinplatzt und es damit abwürgt, ist sich meistens keiner Schuld bewusst. Ich erinnere mich an den Besuch einer Gedenkstätte für die Opfer des Nationalsozialismus im Rahmen einer Managementtagung. Mit dem Leiter der Einrichtung befand ich mich mitten in einem sehr intensiven Gespräch, als unvermittelt ein Kollege, eine männliche Führungskraft unseres Unternehmens, zwischen ihn und mich trat, sich dem Historiker zuwandte und pausenlos auf ihn einredete. Mein Gesprächspartner, offenbar auch leicht irritiert, suchte am Körper des Kollegen vorbei den Blickkontakt zu mir, was schließlich auch meinem Kollegen auffiel, der das ungerührt mit einem «Oh, habe ich Ihr Gespräch etwa gerade unterbrochen?» kommentierte und dann seinen Monolog fortsetzte. Ich habe das damals als eine Frechheit empfunden, die mich wütend machte. Ich hätte etwas entgegnen sollen und blieb doch stumm. Es war und ist diese Art von ungeniertem, unreflektiertem Auftreten, die mich manchmal sprachlos macht.

Anders verhält es sich, wenn ich an dritter Stelle hinzukomme, wo sich zwei Männer bereits unterhalten. Sie lassen sich weder unterbrechen noch integrieren sie mich in ihren Kreis. Sie geben mir das unschöne Gefühl, weniger interessant und weniger wichtig zu sein. Vielleicht könnte ich das ändern, wenn ich wie im Zusammenhang mit der Vorspeisenplatte keinen Zweifel daran ließe, was ich will. Statt den Raum leise und mit Respekt für die bereits laufenden Gespräche zu betreten, sollte ich vielleicht durch mein Auftreten bereits die Aufmerksamkeit auf mich ziehen: Ich bin jetzt hier und ich verlange, dass Ihr mich beachtet. Und zwar sofort.

Es fällt mir schwer, mich bewusst unhöflich zu verhalten, um besser wahrgenommen zu werden. Es fällt mir schwer, weil es so komplett dem widerspricht, was man sich gemeinhin unter angenehmen Umgangsformen vorstellt. Es fällt mir auch schwer, weil ich eigentlich von einem Topmanager erwarte, dass er sich in jeder Situation angemessen zu benehmen weiß. Ein rüpelhaftes Verhalten fällt ja nicht nur auf ihn als Person zurück, sondern auf ein ganzes Unternehmen, zu dessen herausragenden Repräsentanten er gehört. Und doch sehe ich keine andere Möglichkeit, um von den vielen männlichen Kollegen als gleichwertig wahrgenommen zu werden. Subtil funktioniert anscheinend nicht, poltern kommt besser.

Brüsseler Spitzen

Mein Auslandsjahr als Spießrutenlauf

Wer in unserem Unternehmen hoch hinauswill, sollte eine gewisse Zeit in einem unserer Büros im Ausland verbracht haben. Erfahrungen auf internationalem Parkett gesammelt zu haben, gehört mittlerweile standardmäßig zum Anforderungsprofil einer Führungskraft. Ich hatte diese Station noch nicht absolviert, wusste aber, dass sie mir noch bevorstand, und freute mich darauf.

«Nächste Woche geht es für Sie für ein Jahr nach Belgien!», teilte mir mein damaliger Chef mit. «Kommt das jetzt vielleicht allzu überraschend?» Ich versicherte ihm, dass ich mit der Kurzfristigkeit der Entscheidung keine Probleme hätte, und begab mich ans Kofferpacken. Meine spontane Bereitschaft, mich ratzfatz auf den Weg ins Nachbarland zu machen, wurde nachhaltig positiv gewürdigt, da man offenbar mit Widerstand gerechnet hatte. «Passen Sie aber auf!», warnte mich mein Vorgesetzter noch vor der Abfahrt. «Der Chef vor Ort steht nicht gerade in dem Ruf, ein besonders umgänglicher Zeitgenosse zu sein. Wenn es zwischen Ihnen beiden überhaupt nicht harmonieren sollte, lassen Sie mich das bitte wissen.»

Das erste Zusammentreffen in Brüssel mit meinem neuen Chef auf Zeit ließ menschliche Spannungen keineswegs erahnen. Der Herr, in der Unternehmenshierarchie damals eine Ebene über der meinigen, zeigte sich von seiner liebenswürdigsten Seite und betonte mehrfach, wie sehr es ihn doch freue, dass ich sein Team für die Dauer eines Jahres verstärken wolle. An der notwendigen Unterstützung gerade in der ersten Phase meiner Einarbeitung würde er es seinerseits nicht fehlen lassen. Das klang alles sehr vielversprechend; euphorisch blickte ich auf das vor mir liegende Jahr. Ein fremdes Land, eine neue Sprache, ein offenbar nettes Arbeitsumfeld – ich bereitete mich gedanklich auf eine spannende Zeit vor.

Der erste Arbeitstag hielt Überraschungen bereit. Mein neuer Chef stellte mich auf Deutsch und auf Französisch dem Mitarbeiter vor, dem ich zugeordnet war und den ich ab sofort überallhin begleiten sollte, um mir einen möglichst umfassenden Eindruck unserer Geschäftstätigkeit in diesem Land zu verschaffen. Dann verschwand unser Vorgesetzter sogleich in sein ein paar Stockwerke höher gelegenes Büro. Ich hätte gerne den für mich zuständigen Herrn etwas besser kennengelernt, was aber daran scheiterte, dass dieser weder Englisch noch Deutsch sprach und ich nicht einmal auf verschüttete Schulkenntnisse des Französischen zurückgreifen konnte. Mir kamen erste Zweifel, wie die Arbeit in unserem Zweierteam funktionieren sollte.

Meinen Arbeitsplatz konnte er mir auch nonverbal anweisen; dieser bestand aus einem Beistelltisch in seinem Büro, das schon für ihn und einen weiteren Kollegen sehr eng bemessen war. Letzterer sah kurz von der Arbeit auf und grüßte freundlich. Meinen direkten Ansprechpartner hielt es nicht lange. Mit vielen französischen Worten erläuterte er vermutlich den Grund für seinen plötzlichen Aufbruch. Das abschließende «Au revoir!» verstand aber sogar ich. Ich nahm also erst mal am Katzentisch Platz und sah mich ein bisschen um.

Die Wände der Büroetage waren aus Glas. Ich konnte von meinem Platz aus alle Mitarbeiter sehen, die um uns herum arbeiteten. Wenn sich Blicke kreuzten, lächelte man mir freundlich zu. Während der ersten Monate meines Aufenthalts blieb es hauptsächlich bei Blickkontakten, denn außer dem bilingualen Chef sprach angeblich niemand in der Abteilung eine andere Sprache als Französisch. Ich begann sehr schnell nach meinem Eintreffen damit, Französischunterricht zu nehmen, um mich wenigstens rudimentär unterhalten zu können. Zeit, um mich dem Studium der Fremdsprache zu widmen, hatte ich genug. Mein belgischer Kollege, der sich in der ersten Zeit doch eigentlich um mich kümmern sollte, hat sich dieser Aufgabe konsequent verweigert.

Meine Kollegen zu Hause, denen ich die Zustände, wie ich sie in unserem belgischen Büro angetroffen hatte, nachrichtlich übermittelte, rieten mir zum Aufstand. «Lass dir das doch nicht gefallen», empörten sie sich, als ich von den Schwierigkeiten erzählte, mit den ausländischen Kollegen ein Gespräch auch nur auf niedrigstem sprachlichem Niveau hinzubekommen. «Die sollen Deutsch lernen, du bist ranghöher als sie. Quäl dich doch nicht mit Französisch!» Ich gab ihnen zu verstehen, dass mit dem kollektiven Deutschlernen nicht zu rechnen sei und ich mich wohl oder übel mit der Konjugation unregelmäßiger Verben und der Stellung von Objektpronomen auseinandersetzen müsse, was mich zwar Schweiß und Tränen koste, mir aber den Vorteil einbrächte, eine weitere Fremdsprache erlernen zu können; ich käme nur eben für meine Bedürfnisse nicht schnell genug voran. Wenn das so sei, beruhigten mich gerade die männlichen Kollegen in Deutschland, solle ich mich nur ein paar Wochen gedulden, dann liefe das Französischsprechen wie am Schnürchen. Mit derart realitätsfernen Ratschlägen tun sich oft gerade die Personen hervor, die mit Mühe eine Art von

Englisch radebrechen oder ausschließlich in der Muttersprache kommunizieren.

Auch mein bescheidener Arbeitsplatz forderte ihren Unmut heraus. «Die sollen dir gefälligst ein eigenes Büro geben, das dir in deiner Position ja wohl zusteht», empfahlen die Daheimgebliebenen. Mein Büroplatz irritierte mich tatsächlich auch etwas. Da mir Standesdenken fremd ist und ich gerne andere Menschen um mich habe, war ich im Grunde ganz froh darüber, nicht in einem eigenen Büro von der Abteilung getrennt zu sein. Ich nahm trotzdem wahr, dass der Beistelltisch in der Ecke, an dem ich arbeiten sollte, als Brüskierung gemeint war. Wer eine angehende Führungskraft mit einem improvisierten Arbeitsplatz auf engstem Raum abspeist, will ihr vor Augen führen, dass sie höchst unerwünscht ist. Gegen Ende meines Aufenthalts in der belgischen Hauptstadt kam ein weiterer Kollege aus Deutschland für ein paar Wochen zu uns. Obwohl einige Ebenen unter mir rangierend, teilte man ihm sofort ein eigenes geräumiges Büro zu, das auch schon frei gewesen war, als ich dort anfing.

Von den Gründen für die Behandlung, die mir in Brüssel zuteilwurde, erfuhr ich erst viel später; dem belgischen Chef passte es überhaupt nicht, dass der deutsche Mutterkonzern jemanden schickte, der genauen Einblick in sein Geschäftsgebaren erhalten sollte. Er wollte sich von niemandem ins Handwerk pfuschen lassen und erst recht nicht von einer jungen Frau. Ich hatte es schwer, weil er mir das Leben in der Abteilung so unangenehm wie möglich gestalten wollte. Der Katzentisch war Teil des Konzepts. Bei dem später zu uns stoßenden männlichen Kollegen wagte er diesen Coup nicht. Auch ein Mann in meiner Position wäre als unerwünschter Eindringling auf Widerstand gestoßen, dieser wäre allerdings gemäßigter ausgefallen. Einer

Frau traute mein belgischer Chef nicht zu, sich entschieden zu wehren.

Tatsächlich habe ich mich nicht gewehrt. Ich habe die Schwierigkeiten, mit denen ich in diesem Jahr absichtlich konfrontiert wurde, eher als Herausforderung begriffen und angenommen, nicht ahnend, dass gegen diesen intendierten und inszenierten Boykott nichts auszurichten war. Für mich als eine Person, die auf das Kommunizieren mit den Mitmenschen angewiesen ist, war es ungeheuer schwer, im Büro lange Zeit nur lächelnden, aber abweisenden Kollegen zu begegnen. Nach ein paar Monaten konnte ich mich auf Französisch verständigen, was aber nichts veränderte, denn die Kollegen mieden den Kontakt zu mir. Man speiste mich mit einem «Bonjour» oder «À demain!» ab und warf mir mittags ein «Bon appétit!» zu, bevor man sich schnell in die Kantine absetzte. Anfangs ging ich öfter mal mit, wurde aber von allen deutlich ausgegrenzt. Fragte ich etwas, schaute man nur ängstlich. Brachte ich Kuchen für alle mit ins Büro, nahm sich kaum jemand ein Stück. Das seltsame Verhalten der Kollegen war Teil des Abwehrprogramms: Der Chef, der meinen Besuch ja als unerhörte Einmischung vonseiten der deutschen Zentrale wertete, hatte die Anordnung ausgegeben, mich vollständig zu isolieren. Im Rahmen dieser Strategie waren seine Mitarbeiter auch angehalten worden, fehlende Kenntnisse in allen Fremdsprachen vorzutäuschen. In Wirklichkeit sprachen alle Englisch oder Deutsch. Ein Projekt, das ich mit den Kollegen in Brüssel durchführen sollte, war bereits vor meiner Ankunft in kürzester Zeit durchgepeitscht worden. Für mich blieb nichts mehr zu tun.

Meine Bemühungen, das Vertrauen von Menschen zu gewinnen, mussten also scheitern. Mein Jahr in Brüssel hätte einen passablen Rahmen für eine Studie über die Abgründe menschlichen Verhaltens abgegeben, und wenn nicht mein

Bürokollege irgendwann aufgetaut wäre, hätte es sich auch darauf beschränkt. Wir hatten unseren Glaskasten immer für uns allein, da der andere Kollege mich wie die Pest mied und über Monate nur Außentermine wahrnahm. Ich konnte nicht über Stunden schweigend mit einem anderen Menschen in dem Raum sitzen, ohne das Wort in meinem holprigen Französisch an ihn zu richten. Er dürfe nicht mit mir sprechen, erklärte er mir; wenn der Chef mitbekäme, dass er sich mit mir unterhalte, bekäme er ernsthafte Schwierigkeiten. Nach und nach brach sein Widerstand, und wir näherten uns an, entdeckten Gemeinsamkeiten, lachten viel, immer misstrauisch beäugt von den uns umgebenden Kollegen. Wenn ich um 7.30 Uhr in der Früh Französischunterricht nahm, kam er extra früher und stellte die Heizung hoch, damit wir nicht frieren mussten. Diese Art von kleinen Aufmerksamkeiten nahm mich vollends für ihn ein. Als er nach einigen Monaten erklärte, der schrecklichste Moment des Tages sei der Feierabend, und ich mir eingestand, genauso zu empfinden, begann eine ganz andere Geschichte …

«Ich bin doch nicht blöd!»

Warum ich nicht alles nehme,
was ich kriegen kann

Schauplatz München, Fahrstrecke Flughafen–Innenstadt. Hier ein Taxi zu nehmen empfinde ich als so richtig sinnlos. Für die S-Bahn bezahlt man nicht nur einen Bruchteil, sie ist auch noch schneller. Ein Vielfaches auszugeben, wenn es anders geht und auch noch praktikabel ist, ist in meinen Augen absurd.

Ich informiere mich grundsätzlich vor Antritt einer Reise über das Angebot an öffentlichen Verkehrsmitteln in anderen Städten. Wenn es nicht allzu umständlich ist, entscheide ich mich immer für diese Variante. Und wenn die Taxifahrt zum Zielort sehr lang ist und damit sehr teuer wird, nehme ich auch mehrfaches Umsteigen in Kauf.

Mein Verhalten ist in unserem Umternehmen singulär und regt auch niemanden zum Nachahmen an. Ganz im Gegenteil kämen zum Beispiel die Key-Account-Manager in meiner Abteilung nicht im Traum auf die Idee, sich auf einer Geschäftsreise des öffentlichen Personennahverkehrs zu bedienen. Sie sind ähnlich viel unterwegs wie ich, und wenn einer von ihnen exakt die gleiche Reise hinter sich hat wie ich, ist meine Spesenabrechnung immer niedriger. Ich übernachte auch nicht in Hotels, die € 250,– pro Nacht berechnen. Meine Mitarbeiter schon. Es widerstrebt mir, so viel Geld auszugeben, obwohl ich die Rechnung ja nicht aus eigener Tasche bezahlen muss. Kollegen finden mein Verhalten seltsam. «Wenn man so viel unterwegs ist wie wir, muss man sich die häufigen Zeiten der Abwesenheit von zu Hause wenigstens so angenehm wie möglich gestalten», äußerte erst kürzlich ein Kollege. Ich kann das nachvollziehen, obwohl ich anders verfahre. Ich erinnere mich auch an eine Spesenabrechnung aus der Anfangszeit meiner Tätigkeit als Führungskraft, in der DM 1,– für die Nutzung des Fahrradparkhauses am Bahnhof enthalten war. Mein damaliger Chef schüttelte nur verwundert den Kopf. Du jamaisvu. In meiner jetzigen Position gehört es sich anscheinend nicht, mit der U-Bahn zu fahren oder in Hotelzimmern zu übernachten, die vergleichsweise günstig sind. Das missfällt nicht nur meinen Mitarbeitern, die da großzügiger sind als ich als ihre Vorgesetzte und den Vergleich zwischen den Spesenabrechnungen natürlich nicht mögen. Auch meine Sekretärin echauffiert sich in schöner Regelmäßigkeit, wenn ich ihr Angebot, mir ein Taxi zu bestellen, ausschlage, weil ich ebenso gut mit der Straßenbahn zum Bahnhof fahren kann.

Ist mein Firmenwagen für ein paar Tage in der Werkstatt, stände mir ein Leihwagen als Ersatz zu. Ich erreiche die Firma sehr unkompliziert mit der Straßenbahn, welchen Sinn macht es also, ein Auto zu mieten und unnötige Kosten zu generieren? Das trifft auf das Unverständnis von Kollegen, die mich an solchen Tagen von der Haltestelle kommen sehen. Niemand in einer Führungsposition würde auf einen Leihwagen verzichten, wenn dieser ihm zustände. Niemand.

Ich bin bereit, ein wenig mehr Aufwand in Kauf zu nehmen, wenn ich dadurch unnötige Ausgaben vermeiden kann. Ich behandle das Firmengeld im Grunde genauso wie meines.

Ganz ähnlich verhält es sich mit Ausgaben, bei denen man sich streiten kann, ob sie eher beruflich oder privat motiviert sind. Kürzlich traf ich auf einer abendlichen Vortragsveranstaltung einen Kollegen. Die Veranstaltung, eine von insgesamt einem Dutzend, hatten er wie ich als Gesamtpaket gebucht.

– Es war wieder richtig interessant heute Abend, stellte ich begeistert fest. Aber es ist natürlich viel Geld. Ich überlege mir jedes Jahr wieder, ob ich mir das leisten will.

– Aber das ist doch nicht dein Geld! Das läuft doch unter Weiterbildung! Du wirst das doch nicht aus eigener Tasche bezahlen!?

In diesem Moment wurde mir wieder bewusst, dass ich die Vortragsreihe, die von mehreren meiner Kollegen besucht wird, als Einzige privat bezahle. Das handhabt kein Mann so. Selbstverständlich rechnen Männer die entstehenden Kosten über die Firma ab. Sie denken nicht im Ansatz darüber nach, wer diese Rechnung bezahlt: Das ist Sache der Firma. Ich zögere ebenfalls keine Sekunde und bezahle selbst. Private und berufliche Aufwendungen trenne ich normalerweise sehr strikt. Die Vorträge besuche ich nicht primär, damit die daraus gewonnenen Erkenntnisse der Firma möglicherweise irgendwie zugute kommen. Ich gehe dorthin, weil ich mich für die behandelten Themen persönlich interessiere. Und wenn ich mich auf Gebieten weiterbilde, die nicht unmittelbar in Zusammenhang mit meinem Job stehen, komme ich selbstverständlich auch für die dadurch entstehenden Kosten auf. Meine Sekretärin, die davon weiß, fordert mich jedes Mal wieder auf, die Rechnung für die Vortragsreihe über die Firma abzurechnen. Ich lehne das ab, es erscheint mir nicht richtig.

Meine männlichen Kollegen machen sich diese Gedanken offensichtlich nicht. Ob Fachliteratur, Managermagazine oder die Tageszeitung, man lässt sich vieles nach Hause schicken, nur die Rechnung geht an das Unternehmen. Obwohl hier der Bezug zur Arbeit ganz deutlich ist, bezahle ich auch für diese Bücher und Zeitschriften mit privatem Geld, weil ich sie zu Hause lese und die Bücher sich später in meinem Regal im Wohnzimmer befinden und nicht im Büroschrank.

Auch Einkäufe, die, vorsichtig formuliert, nicht in erster Linie etwas mit dem Job zu tun haben, werden von den Herren ohne Skrupel über die Firma abgerechnet: das neue Laptop, die Kopfhörer, das Übersetzungsprogramm, der Drucker oder die Digitalkamera. Natürlich kann es vorkommen, dass ich am Wochenende mal ein paar Seiten für die Präsentation am Montag bei mir zu Hause ausdrucken muss, und auch das schnelle Foto auf Geschäftsreise, das später in einer Besprechung Verwendung finden soll, kann es geben. Wenn allerdings der Anteil der privaten Nutzung unzweifelhaft im Vordergrund steht, kann ich es für mich überhaupt nicht rechtfertigen, diese Produkte von der Firma bezahlen zu lassen.

Männer gehen mit dieser Praxis ganz offen um. Sie bilden sich weiter – für die Firma. Sie benötigen technisches Equipment – im Interesse der Firma. Und sie nehmen sich Auszeiten und Freiheiten als Ausgleich dafür, dass sie für das Unternehmen unglaublich viele Stunden erfolgreich im Einsatz sind. Dieser Argumentation kann ich durchaus folgen, wenn ich sie auch für mich selbst nicht anwenden kann, weil sich in mir etwas dagegen sträubt.

Männer der Führungsebene gehen zum Beispiel mitten am Tag mal schnell zum Friseur, ohne das vor anderen im Geringsten zu verheimlichen. Ich lasse mir am Samstag die

Haare schneiden, wobei ehrlicherweise angemerkt werden muss, dass die Prozedur in meinem Fall auch erheblich länger dauert ... Die Herren Kollegen nehmen an Tagungen mit Vorträgen externer Referenten nur selektiv teil und relaxen stattdessen mal ein paar Stunden in der Hotelsauna. Ich bin vom «Wake-up-call» bis zum Schlussvortrag am späten Nachmittag ununterbrochen dabei und nehme dadurch unter den Führungskräften unseres Unternehmens eine Sonderstellung ein. Vieles von dem, was ich höre, fasziniert mich, und ich betrachte es als seltene Gelegenheit, oft außergewöhnlichen Persönlichkeiten zuhören zu können. Einige dieser Referenten sprechen vor einem halb leeren Saal, weil es entweder noch sehr früh am Morgen ist und viele den Tag langsamer angehen lassen, man mittags die Lunchpause verlängert oder am späten Nachmittag lieber beim Aperitif den Abend einläutet, anstatt sich noch weiter fortzubilden. Ich hingegen bleibe, auch wenn mich das Thema einmal nicht anspricht. Ich denke an die Summen, die an die Referenten fließen, und daran, dass ich auch von meinen Mitarbeitern verlange, an Seminaren bis zum Ende teilzunehmen. Für mich ist das einfach Arbeitszeit.

Ich bin mir überhaupt nicht sicher, ob mein Verhalten sinnvoll ist. Ist es nicht schlauer, genau auszuwählen, was einen wirklich interessiert und möglicherweise voranbringt? Wenn ich über Stunden Vorträgen gefolgt bin, bin ich abends natürlich einigermaßen erledigt. Der eigentliche Höhepunkt der Tagung liegt dann aber noch vor uns: die Abendveranstaltung mit der Möglichkeit, Leute kennenzulernen und Kontakte zu vertiefen. Früher habe ich diese oft ausfallen lassen und damit das Wichtigste verpasst, weil ich eben viel zu abgespannt und dadurch unlustig war, um mich nach dem Mammutprogramm der vielen Vorträge noch dem Small Talk hinzugeben. Ich habe inzwischen begriffen, dass das einen Riesenfehler darstellt, und raffe mich jetzt immer auf. Was beim Galadiner oder zuvor beim Cometogether unter Managern besprochen wird, kann den Geschäftsbeziehungen und damit der Firma erheblich nutzen. Männer wissen das und sind in puncto Kontakteknüpfen den Frauen im Management um einiges voraus.

Vielleicht auch aus diesem Grunde interessiert es wirklich keinen, ob man jedem Vortrag beiwohnt oder die Zeit anders nutzt. Ebenso unproblematisch und unwidersprochen lässt sich der Brückentag als Homeoffice deklarieren, wenn man Führungskraft ist. Ob dieser dann im Eigenheim oder an dem Ort verbracht wird, an dem man sich sowieso an diesem langen Wochenende aufhält, ist nicht von Belang. Von Firmenseite aus ist es völlig legitim, private Termine in den beruflichen Alltag zu integrieren, wenn sich das so ergibt. Man ist sich bewusst, wie fordernd der Job eines Topmanagers ist, und gesteht diesem als Ausgleich besondere Freiheiten und Privilegien zu, die es auf unteren Ebenen nicht gibt. Jemand, der berufliche und private Belange in Einklang bringt, ohne dass seine Leistung im Job darunter leidet, gilt einfach als besonders gut organisiert.

Wenn ich im Ausnahmefall einmal Privates und Berufliches verbinde und zum Beispiel einen Freitag dort verbringe, wo sich mein Freund aufhält, mache ich vor Ort geschäftliche Termine wie eine Wahnsinnige. Ich bin pausenlos unterwegs, bloß um dem von niemandem außer mir gehegten Verdacht entgegenzuwirken, ich könne Zeit «veruntreuen». Ich stelle mir vor, dass mich ein Kollege anruft, während ich gerade mit einer Freundin in der Innenstadt einen Kaffee trinke. Dem muss ich vorbeugen durch noch mehr Termine als üblich. Dabei kontrolliert mich niemand, ich allein setze mich so unter Druck. Nur in Ausnahmefällen gestehe ich mir zu, einen privaten Termin in eine Geschäftsreise zu integrieren und die Reisekosten über die Firma abzurechnen. Das schlechte Gewissen, die Stimme im Hinterkopf, die mir vor Augen führt, dass ich diese Geschäftsreise nur aus privaten Gründen so terminiert habe, bleiben. Wenn ich, was höchst selten vorkommt, an einem Tag das Büro gegen das Homeoffice tausche, sitze ich schon ab 8 Uhr zu Hause am Schreibtisch und arbeite wie verrückt. Das Mobiltelefon lege ich nicht aus der Hand, denn wäre ich nicht erreichbar, könnte ich dieses Gefühl nicht ertragen. Genauso verhält es sich, wenn ich vor Arbeitsbeginn am frühen Morgen einen Arzttermin vereinbart habe. Sobald ich aus der Praxis trete und mein Display mir für 9 Uhr einen Anruf in Abwesenheit anzeigt, fühle ich mich unwohl. Ich melde mich umgehend bei dem Anrufer und erkläre wortreich, warum er mich denn eine Viertelstunde zuvor nicht habe erreichen können. Ich gebe Erklärungen ab, die niemand von mir verlangt hat. Wenn ich das Büro ausnahmsweise schon gegen 17 Uhr verlasse, verhalte ich mich ebenso und erläutere lang und breit, warum ich denn heute einmal früher gehen müsse. Diese Ausführungen unterbrach kürzlich einer meiner Mitarbeiter mit den Worten: «Du musst dich vor niemandem rechtfertigen, wenn du gehst.»

Ich merke, wie seltsam mein Verhalten auf Menschen wirkt, ganz gleich, ob diese in der Unternehmenshierarchie unter mir rangieren oder auf gleicher Ebene tätig sind. Ganz langsam lerne ich dazu, was mir sehr schwerfällt. Das Gefühl, der Firma, die mich sehr anständig bezahlt, weder Geld noch Zeit wegnehmen zu wollen, bleibt. Ich weiß von den wenigen anderen Topmanagerinnen, die ich kennengelernt habe, dass sie sich in diesem Punkt ähnlich verhalten wie ich. Da Frauen im Allgemeinen nicht gewissenhafter mit fremdem Geld umgehen als Männer, muss es einen anderen

Grund dafür geben, dass sie in ihrer Funktion als Führungskraft so zurückhaltend agieren. Ihnen fehlt die Selbstverständlichkeit, mit der ihre männlichen Kollegen die ihnen zur Verfügung stehenden Freiräume nutzen. Ich bin da wie die anderen Frauen viel vorsichtiger, bin mir meiner Ausnahmestellung als Frau im Topmanagement bewusst und will durch mein vorbildliches Verhalten auch im Umgang mit dem Firmenvermögen zeigen, dass ich es wert bin, es ganz nach oben geschafft zu haben. Außer mich interessiert das nur wirklich niemanden.

Ene mene mu – und raus bist du!

Warum die Quote für Frauen
mit Karriereabsichten so wichtig ist

Vor mehr als zehn Jahren, als ich noch ganz am Anfang meiner Karriere stand, hatte ich eine Diskussion mit anderen weiblichen Mitarbeiterinnen meines Alters und meiner Qualifikation über die Chancen von Frauen, in einem Unternehmen eine Leitungsfunktion zu übernehmen und damit in eine Männerdomäne einzudringen. Ich erinnere mich daran, dass ich damals als Einzige die Auffassung vertrat, einer Frau stünde wie einem Mann jeder Job auf jeder Ebene offen, solange sie nur wie er über ausreichende fachliche und soziale Kompetenz verfüge. Alles ist möglich, so mein Credo zu jener Zeit, das von den anderen Frauen mit Skepsis aufgenommen wurde.

In den darauffolgenden Jahren lief es für mich im Hinblick auf meine Karriere im Unternehmen bestens; ich würde so weit gehen und sagen, dass der Aufstieg auf der Karriereleiter in meinem Fall quasi ein Selbstläufer war, denn um die nächsthöhere Stellung zu erreichen, musste ich mich nie selbst bemühen. Ich wurde gefragt, ohne selbst die Initiative ergreifen zu müssen. Ich war überrascht, für welche Positionen man mich vorschlug. Als eine Stelle im Management vakant war und mein Name im Gespräch war, bevor ich die Funktion dann auch wirklich übernahm, stieß ich in einen

Bereich vor, der bis dahin ausschließlich Männern vorbehalten war. Ohne Angst vor der Aufgabe zu haben, hätte ich mich selbst nie zum Kreis der potenziellen Kandidaten gezählt. Mit meiner Ernennung war ich ganz oben angekommen, das war mir damals durchaus bewusst. Dass ich es als Frau so weit im Unternehmen gebracht hatte wie keine andere Frau zuvor, war mir klar, ohne dass ich daraus weitergehende Gedanken über die Problematik der Chancengleichheit von Männern und Frauen in Spitzenfunktionen der Wirtschaft ableitete.

Insgesamt waren diese ersten Jahre in meinem Fall also davon geprägt, dass ich über den geringen Anteil von Frauen in Führungspositionen und die Gründe dafür recht wenig nachdachte. Bei mir lief es einfach zu gut. Ich merkte sehr wohl, dass ich, je höher ich auf der Karriereleiter stieg, immer weniger Frauen auf vergleichbaren Positionen traf, bis ich schließlich die einzige Frau unter Männern war. Ich erklärte mir dieses Phänomen damit, dass bei mir eben fachliche und soziale Kompetenz zur übernommenen Aufgabe im Unternehmen passten, und insinuierte damit natürlich, dass dieses bei anderen Frauen entweder nicht in dem Maße gegeben war oder diese Frauen nicht den entsprechenden Willen zeigten, um ganz nach oben zu kommen. Heute frage ich mich, wieso ich die Realität damals nicht habe erkennen können und ob ich möglicherweise nicht wahrhaben wollte, was im Hinblick auf fehlende Chancengleichheit Fakt ist.

Mittlerweile entscheide ich zusammen mit gleichrangigen Kollegen – ausschließlich Männern – selbst darüber, wer für einen Führungsjob in Frage kommt und wer nicht. Ich meine, dass die Diskussionen, die wir innerhalb dieses Kreises führen, letztlich dazu beigetragen haben, dass ich meine Meinung geändert habe. Damals war ich wie vielleicht viele aufstrebende und karrierewillige Frauen der Auffassung, dass ein Posten mit dem geeignetsten Bewerber bzw. der fähigsten Kandidatin besetzt wird. Weit gefehlt, es ist ganz anders. Zeigen sich Mann und Frau vergleichbar kompetent, bekommt der Mann den Job. Weil er ein Mann ist. Männer werden nicht schwanger, Männer gehen nicht in Elternzeit, Männer beanspruchen nicht ihr Recht auf Teilzeit. Auszeiten vom Beruf für die Familie kommen bei Männern in Führungspositionen einfach nicht vor, sie stehen dem Unternehmen damit planbar auf Jahre zur Verfügung, Kündigung o. Ä. einmal ausgenommen.

Bewirbt sich eine Frau um eine Führungsposition in unserem Unternehmen, drehen sich die Gespräche in unserem Kreis um genau diese ihr Privatleben betreffenden Fragen: Hat sie einen Freund? Oder ist sie gar schon verheiratet? Lässt man sich als Frau auf dieses Spiel ein, lautet die Faustregel: «Bis 40 darf ich nicht heiraten, ab 40 muss ich es tun.» Wer sich mit Mitte 30 oder früher traut, wird der baldigen Familienplanung verdächtigt. Wer hingegen mit über 40 noch unverheiratet ist, kann schnell als Mauerblümchen gelten, dem man durch mangelnden Kontakt zu männlichen Partnern absonderliche charakterliche Eigenheiten unterstellt. Möchte sie Kinder bekommen?, lautet eine weitere oft diskutierte Frage. Nur die Vermutung, dass die Kandidatin sich vielleicht mit dem Gedanken an eigene Kinder trägt und dann womöglich von ihrem Recht auf Teilzeitbeschäftigung Gebrauch machen könnte, ist zu viel des Risikos: Sie ist auf der Stelle aus dem Rennen. Hat man Grund zur Annahme, dass die Bewerberin ein Leben ohne Kinder plant, kommen weitere Kriterien ins Spiel, die es einer Frau bedeutend schwerer machen, sich gegenüber der männlichen Konkurrenz zu behaupten. Damen mit einem herrischen Auftreten will man nicht; was beim Mann noch als Ausdruck von natürlicher Autorität und damit als karrieredienlich interpretiert wird, gilt bei einer Frau als Zeichen sexueller Frustration. Wer keinen abgekriegt habe, so die unter den Männern offen geäußerte Erklärung, reagiere sich nun mal ab durch ein besonders unausstehliches Verhalten. Ist die Kandidatin ganz im Gegenteil besonders nett und menschenfreundlich, riskiert sie, dass man sie wieder mit einem potenziellen Kinderwunsch in Verbindung bringt.

Eine Frau, die eine Führungsposition anstrebt, muss den schmalen Grat, der ihr das Weiterkommen ermöglicht, finden und gehen. Wenn sie Erfolg haben will, muss sie sehr viel besser sein als alle männlichen Konkurrenten. Sie muss fachlich kompetenter und im Umgang mit Menschen sensibler sein, um sich durchsetzen zu können, ohne autoritär zu wirken. Natürlich werde ich nicht müde, in den Auswahlgesprächen mit meinen Kollegen auf die Einseitigkeit der angelegten Kriterien hinzuweisen. Die Antworten sind meistens recht stereotyp: Die Entscheidung für den Mann bedeute im Sinne des Unternehmens Sicherheit, die Wahl einer Frau sei immer risikobehaftet. Hat es dann wirklich einmal eine Frau bis in die Führungsetage geschafft, erwartet man von ihr eine wesentlich makellosere Performance als von einem Mann in ähnlicher Position. Ein Mann kann sich «Schnitzer» erlauben und das Unternehmen sogar im Streit verlassen, ohne dass sein Verhalten richtungsweisend wäre für folgende Bewerbungen von Männern. Eine Frau in einer Führungsposition ist wie ein Versuchskaninchen. Wird sie den Erwartungen nicht gerecht, hat ihr Scheitern eine verheerende Signalwirkung für zukünftige Aspirantinnen. «Mit Frauen in Spitzenfunktionen hatten wir kein Glück», lautet die Schlussfolgerung, die den Einzelfall generalisiert und ein ganzes Geschlecht stigmatisiert.

In einer Abteilung unseres Unternehmens war die Stelle eines Abteilungsleiters zu vergeben, nachdem die vorherige Stelleninhaberin das Unternehmen nach Differenzen verlassen hatte. In der Abteilung selbst fanden sich einige Frauen, die nicht nur kompetent waren, sondern die, auch familiär ungebunden, sich dieser Aufgabe mit der gewünschten Intensität hätten widmen können. Man entschied sich schließlich für einen externen männlichen Bewerber. Ich erkundigte mich nach dem Grund für diese Entscheidung und verwies auf die potenziell in Frage kommenden Frauen, die im Gegensatz zu dem externen Kandidaten auch über die geforderte Erfahrung in diesem Bereich verfügen würden. Man antwortete mir, dass man mit Frauen in Führungspositionen schlechte Erfahrungen gemacht habe, und verwies auf die vorherige Stelleninhaberin. Meine Entgegnung, schlechte Erfahrungen habe man an anderer Stelle vielfach mit männlichen Führungskräften gemacht, blieb unerwidert.

Wieso bin ich nicht durch das Raster gefallen, das es Frauen so schwer macht, in Führungspositionen zu kommen? Ich bin fachlich kompetent, arbeite seit Jahren dauerhaft mehr als meine männlichen Kollegen und stand nie im Verdacht, Kinder bekommen zu wollen. Letzteres hat man mir mehrfach direkt bescheinigt: «Sie werden ja keine Familie gründen.» Es ist mir ein Rätsel, wie Männer zu dieser Einschätzung meiner selbst kommen, zumal ich mir ein Leben sowohl mit als auch ohne Kinder immer vorstellen konnte. Ich kann mich außerdem offenbar durchsetzen, ohne «Haare auf den Zähnen» zu haben. Ich gelte ganz einfach als die nette und kompetente Karrierefrau ohne Risikofaktoren.

Die Schwierigkeiten, mit denen Frauen zu kämpfen haben, die Karriere machen wollen – und in den meisten Fällen ist für Frauen am Anfang der Karriere ja nicht einmal erkennbar, welche Hindernisse sie überwinden müssen, da die Vorgänge an sich so wenig transparent für sie sind –, haben mich zur Verfechterin einer Frauenquote werden lassen, die sich das einzelne Unternehmen als Selbstverpflichtung auferlegt. In vielen Bereichen der Unternehmen arbeitet man mit einer Quote; sie gibt zum Beispiel bei Umsatz und Gewinn das Ziel vor, das erreicht werden soll und das man deshalb im Auge behält. In Bezug auf den Frauenanteil in Spitzenfunktionen der deutschen Wirtschaft könnte eine Quote dazu beitragen, Frauen ein paar der unsichtbaren Steine auf ihrem Weg in die Führungsetage wegzuräumen.

All they need is love

Vom Rahmenprogramm externer Tagungen, das vor allem die Herren erfreut

Für das Topmanagement in unserem Unternehmen gibt es einmal jährlich ein Meeting, bei dem es nicht nur fachlich zugeht. Das Beiprogramm mit Vergnügungscharakter soll die Leute zusammenbringen, es ist gleichzeitig Anerkennung für die geleistete Arbeit wie auch Motivation für kommende Aufgaben. Damit ist es mindestens ebenso wichtig wie der thematisch ausgerichtete Teil der Tagungsagenda.

Dieses Beiprogramm ist so gewählt, dass es möglichst vielen Teilnehmern zusagt. Da unter den rund 50 Managern der Führungsetage nur eine Frau ist, ist es so ausgerichtet, dass es möglichst allen Männern gefällt. Es mag unter den Herren auch einige geben, die sich andere Programmpunkte wünschen würden, aber in der Regel sind meine männlichen Kollegen immer ganz aus dem Häuschen, wenn das Ausflugsprogramm bekannt gegeben wird. Ich bin hingegen meistens schon im Vorfeld gelangweilt.

Ein Klassiker des Beiprogramms ist zum Beispiel der Besuch einer Brauerei. Gefühlt habe ich jede Brauerei in Deutschland in meinem Berufsleben mindestens einmal besichtigt. Trotzdem weiß ich bis heute nicht, wie man Bier braut. Die einzelnen Phasen des Bierbrauens werden zwar jedes Mal wieder im Rahmen eines Vortrags vor Ort erläutert, aber es gelingt mir einfach nicht, mich dafür zu interessieren und zuzuhören. Schon nach den ersten Sätzen bin ich mit meinen Gedanken ganz woanders. Die Herren, ob sie nun zuhören oder nicht, sind alle in Vorfreude auf das Highlight jeder Brauereibesichtigung, die sich nach der Betriebsbesichtigung obligatorisch anschließende Verköstigung. Vorher muss jeder noch eine Jacke in den Farben der Brauerei überziehen, und da man informiert war, dass sich auch eine Dame unter den Managern befinden würde, übergibt man mir in schöner Regelmäßigkeit ein Jäckchen in Konfektionsgröße 38. Da passe ich dann nicht rein, was peinlich ist. Also muss ich dann das kastige, formlose Männermodell anziehen. Derart unvorteilhaft ausstaffiert, lasse ich die Besichtigung über mich ergehen, die dann irgendwann mit einer Bierprobe endet, an der ich wenig Spaß habe, da Bier nun nicht unbedingt zu meinen Lieblingsgetränken gehört. Bevor wir uns verabschieden, bekommt jeder noch ein Fässchen mit auf den Weg. Die Jacke dürfen wir auch immer behalten. Diese fristet dann zunächst einige Zeit ein trostloses Dasein ganz hinten in meinem Kleiderschrank, bevor ich sie entsorge. Mir fällt einfach niemand ein, dem man mit einer schnell zusammengezimmerten Polyesterjacke mit Werbeaufschrift eine Freude machen könnte. Vielleicht würde sie zur Gartenarbeit taugen. Ich habe aber keinen Garten.

Auf reges Interesse trifft außerdem immer die Besichtigung einer Schiffswerft. Ich hatte die Prozedur soeben mit meiner Abteilung hinter mich gebracht, die sich den Besuch dort sehr gewünscht hatte. Da entnahm ich der Einladung zur Jahrestagung, dass es für mich schon wieder dorthin gehen sollte. Es hätte mich interessiert zu sehen, wie es auf dem fertigen Schiff aussieht. Ich hätte zum Beispiel gerne eine Kabine angeschaut. Stattdessen: Theorie des Schiffsbaus in extensis, viel zu viele technische Details und riesige Teile, die dann irgendwie zusammengeschraubt werden. Ich konnte einfach kein Interesse aufbringen.

Immer wieder gern genommen wird auch der Besuch bei einem Autobauer. Auch hier geht es sehr technisch zu, aber immerhin stand diesmal auch eine Probefahrt in einem neuen Geländewagen auf dem Programm. Nach einer Einführung, die quasi nur aus Zahlen bestand, durften wir jeweils zu viert das neue Modell im Gelände fahren. Nach einer kleinen Diskussion mit meinen drei männlichen Kollegen, die für mich die Rolle der Beifahrerin vorgesehen hatten, setzte auch ich mich ans Steuer, was mich aufgrund meiner wenig ausgeprägten Begeisterung für Autos zwar nicht in Euphorie versetzte, mir aber immer noch besser gefiel, als ausführlichst über die technischen Eckdaten der Fahrzeuge unterrichtet zu werden.

Schnelle Autos, große Schiffe, Bier. Das sind Programmpunkte, die bei den Männern sehr gut ankommen. Vermutlich könnte man bei ihnen auch punkten, wenn der Besuch eines Fußballstadions eines renommierten Clubs auf dem Programm stünde. Fußball ist sowieso immer sehr präsent auf diesen Tagungen, die terminlich oft so liegen, dass immer gerade irgendein Champions-League- oder UEFA-Cup-Spiel stattfindet. Das muss man als Verantwortlicher für die Organisation des Meetings im Blick haben und dafür Sorge tragen, dass im Speisesaal ein Fernsehgerät steht, welches im Hintergrund läuft, denn sonst verlassen die fußballinteressierten Herren während der Mahlzeit den Tisch, um in der Hotellobby die entscheidenden Minuten des Matches am Bildschirm mitzuverfolgen.

Nach dem Abendessen ist dem offiziellen Programm normalerweise Genüge getan, der Tag ist aber noch nicht zu Ende. Tagen wir in Städten wie Amsterdam oder Hamburg, die auch für ihre Rotlichtviertel bekannt sind, ist zumindest ein Gang durch die einschlägigen Straßen ein Muss. Ich gehe mit, wenn Frauen erlaubt sind, um nicht allein im Hotel zurückzubleiben. Ich habe auch schon nächtliche Stunden in Table-Dance-Bars verbracht und war wenig amüsiert und animiert.

Sonst ziehen die Herren alleine los. Das ist kein Problem und individuell durchführbar, wenn der Abend nach dem Essen ausläuft. Schwierig wird es, wenn der Organisator der Jahrestagung den Tag mit klassischer Musik ausklingen lassen möchte und einen berühmten Pianisten engagiert hat, wie es einmal der Fall war. Die Idee, dass es Männern nach einem Besuch des recht schäbigen Rotlichtviertels gelüsten könnte, lag offenbar außerhalb seiner Vorstellungskraft. Man versuchte, die Route des gemeinsamen Stadtspaziergangs durch einen kleinen Umweg wenigstens einmal durch die einschlägigen Straßen führen zu lassen, ein Wunsch, den der verantwortliche Organisator geflissentlich überhörte. Detailreich gab er stattdessen Auskunft über Stadtarchitektur und -geschichte. Der Tross der ihm folgenden Herren und einer Dame, regelrecht ausgebremst und zum großen Teil not amused, musste in der Folge gezwungenermaßen mit Beethovens Klaviersonaten vorliebnehmen. Damit konnte ich leben.

Der Klavierabend hat mir recht gut gefallen. Grundsätzlich mag ich Programmpunkte mit kultureller Ausrichtung gerne, wobei es nach meinem Geschmack dabei nicht unbedingt so ernst zugehen muss wie beim angesprochenen Konzert. Wie könnte ein Beiprogramm aussehen, das auch Frauen anspricht? Sicher gibt es auch Frauen, die an Sportwagen, Bierproben und gigantischen Schiffsleibern Gefallen finden, aber ich glaube, dass die momentane Ausrichtung des Besichtungsprogramms ziemlich männlich geprägt ist.

Wäre die Hälfte unter den Topmanagern Frauen, müsste das Programm sicherlich verändert werden. Mehr kulturelle Veranstaltungen wie ein Theater- oder Musicalbesuch, ein Chansonabend? Eine Betriebsbesichtigung eines Unternehmens, das Parfum, Mode, Handtaschen herstellt? Ein Besuch in einer Firma, die von einer Frau gegründet wurde? In jedem Fall müsste das Programm vielfältiger werden und unterschiedliche Interessenschwerpunkte berücksichtigen.

Und wenn das gesamte Topmanagement zu 98 % aus Frauen bestünde, fände der gesellige Teil der Jahrestagung dann im Wellness- und Spabereich eines Luxushotels statt? Oder gäbe es Yoga für alle unter fachkundiger Anleitung? Oder vielleicht einen Schnellkurs im Cocktailmixen? Es bleibt uns genügend Zeit, darüber in aller Ruhe nachzudenken. Jahrzehnte, mindestens.

Siehe Anhang

Warum mein Partner nicht so recht
ins Damenprogramm passen will

Zu besonderen, meist externen Veranstaltungen lädt unser
Unternehmen die Lebenspartner und -partnerinnen seiner
Führungskräfte mit ein. Für sie wird ein gesondertes Tages-
programm ausgearbeitet, das für Kurzweil und Zerstreu-
ung sorgen soll, während sich die Manager und Managerinnen mit fachlichen Dingen beschäftigen. Abends trifft man
sich wieder beim gemeinsamen Dinner.

Der Kreis derer, die in den Genuss einer Einladung kommen, hat sich in den letzten Jahren erweitert. Richtete man
sich lange nur an die Ehefrauen, da es im Grunde nicht vor-
kam, dass jemand aus der Führungsetage in «wilder Ehe»
mit einer Frau zusammenlebte, werden jetzt auch die lang-
jährigen Freundinnen mit eingeladen. Männer, an die man
sich mit dieser Art von Einladung hätte wenden müssen,
gab es früher nicht. Der ganz langsame Vorstoß von Frauen
ins obere Management hat dazu geführt, dass aus Gründen
der Gleichbehandlung seit kurzer Zeit auch ein kleines
Grüppchen von Männern bei besonderen Anlässen auf der
Einladungsliste steht.

In Wirklichkeit sieht es dann so aus, dass nur die Herren
in Begleitung ihrer Gattinnen, seltener an der Seite ihrer

Freundinnen, erscheinen. Die wenigen weiblichen Führungskräfte laufen immer solo auf, auch wenn sie mit jemandem liiert sind. Das liegt zum einen an ihren Männern selbst, die nicht gerne reduziert auf ihre Rolle als Partner einer Frau in exponierter Stellung auftreten. Eine Frau begleitet ihren Mann wie selbstverständlich, doch umgekehrt fühlen sich Männer in vergleichbarer Situation nicht wohl.

Die Aktivitäten, die den mitreisenden Ehefrauen angeboten werden, sind nun auch nicht gerade dazu angetan, einen Mann zu bewegen, seine Partnerin zu begleiten. Ein Bus chauffiert die Begleiterinnen zur Shoppingmeile, zur Porzellanmanufaktur, zum Kaffeetrinken. Das klassische Damenprogramm. Die Vorstellung, dass ein einzelner Herr inmitten einer Busladung von Managerfrauen zunächst die neuesten Handtaschen- und Schuhmodelle begutachtet, bevor er sich dann in gleicher Runde in einer Patisserie an exquisitem Gebäck stärkt, hat etwas schwer Vorstellbares. Wer hier als Mann mitfährt, muss zumindest einen Sinn für ungewohnte, skurrile Situationen haben und die Szenerie und sich selbst als Teil dieser mit einem gewissen Abstand betrachten können. Mann muss es außerdem mit seinem Selbstwertgefühl vereinbaren können, an diesen Tagen in der Wichtigkeit vermeintlich hinter seiner Partnerin zu rangieren. Verbreiteter ist daher die kategorische Ablehnung, in die Rolle des Begleiters einer in diesem Umfeld bedeutenden Frau zu schlüpfen. Das war auch bei meinem früheren Freund nicht anders; nie und nimmer, so seine Aussage, würde er so einen Affenzirkus mitmachen.

Auch mein jetziger Freund erhält über mich diese Einladungen. In Gesprächen, die ich mit meinen Kollegen im Vorfeld zur eigentlichen Veranstaltung führe, erfahre ich wenig Ermunterung, meinen Lebenspartner doch auf jeden Fall mitzubringen. Es ist vielmehr so, als ob er überhaupt nicht existierte und ich ein Singledasein führte. Es kommt mir so vor, als ob man mit der Einladung an ihn eher den Anforderungen an die Gleichbehandlung aller Führungskräfte Genüge getan hat, man aber in meinem Fall eigentlich nicht erpicht darauf ist, meinen Partner kennenzulernen. Das mag daran liegen, dass der männliche Begleiter noch zu selten ist und man von Unternehmensseite ahnt, dass er als singuläre Erscheinung irgendwie nicht in das Damenprogramm zu integrieren ist. Es könnte aber zusätzlich in der Person meines Lebenspartners begründet sein. Mein Freund kommt nicht aus Deutschland. Er ist kein Europäer und sieht auch nicht so aus. Wir sind nicht verheiratet und führen eine Wochenendbeziehung. In einigen äußerlichen Parametern unterscheiden wir uns von der Mehrheit der in Deutschland geführten Partnerschaften, aber meine Überzeugung, dass wir in einer weltoffenen Gesellschaft leben, ließ mich von Anfang an offen über meine Beziehung sprechen. Mir wohlgesinnte Kollegen rieten mir aber schnell, die Faktenlage möglichst nicht zu verbreiten und eher nichts über meinen Partner zu erzählen. Ich reagierte empört: jetzt erst recht!

Mit der Zeit bin ich vorsichtiger und zurückhaltender geworden. Ich habe Bemerkungen gehört, die für mich rassistisch klangen, auch wenn sie scherzhaft geäußert wurden. Allein das Aussehen meines Freundes rief bei meinem Gegenüber offenbar Assoziationen hervor, die man vor mir nicht völlig verbergen konnte. Immer wieder fielen in meiner Gegenwart einzelne Wörter oder Sätze Menschen herabwürdigenden Inhalts, die nicht unbedingt auf meine persönliche Situation abzielten, die ich aber immer darauf hätte beziehen können. Ich musste erfahren, dass sich bei einigen meiner Kollegen im Hinterkopf Gedanken erhalten hatten, die ich eigentlich für überholt gehalten hatte. So weltoffen und tolerant, wie man sich gerne gibt, ist man in dieser Gesellschaft ganz offensichtlich nicht. Meinem Eindruck nach ist man in dieser Hinsicht in Deutschland im Gegenteil noch rückständiger als in anderen europäischen Ländern. Seitdem ich das weiß, bringe ich das Gespräch von mir aus nur noch selten auf meinen Freund und ertappte mich dabei, dass ich sogar ein wenig fürchte, mich könnte jemand direkt auf ihn ansprechen. Es ist mir unangenehm, zu wissen, welche Gedanken jemandem durch den Kopf gehen könnten, der erfährt, dass mein Freund ein nichteuropäischer Ausländer ist. Also versuche ich, gar nicht erst in diese Lage zu kommen, und würge Unterhaltungen, die sich diesem Thema bedrohlich nähern, möglichst unauffällig und diplomatisch ab. Ich vermeide den Widerspruch. Ich müsste klarstellen, dass Hautfarbe und Herkunft in der Beurteilung von Menschen keine Bedeutung zukommt, was als Erkenntnis ja so neu nicht ist. Stattdessen gehe ich der Konfrontation aus dem Wege. Normales bleibt dadurch unnormal, auch durch mein Verhalten.

Sex fails

Wenn es nur Frauen ohne jede Ausstrahlung bis nach ganz oben schaffen

Die vakante Stelle auf Leitungsebene wird durch eine Frau besetzt! Diese Neuigkeit müsste mich als Verfechterin der Gleichberechtigung auch auf der Führungsetage normalerweise mit Freude und Genugtuung erfüllen. Tut es aber nicht. Ganz im Gegenteil. Es macht mich fertig.

Ich glaubte meinen Ohren nicht zu trauen, als der Name der Auserwählten zum ersten Mal genannt wurde. An ihrer Qualifikation gibt es auf dem Papier sicherlich gar nichts zu bemängeln, aber sonst stimmt wirklich nichts. Es handelt sich um eine Frau vom Typus Trampeltier, die, jetzt mittleren Alters, mir schon vor zwanzig Jahren wie meine eigene Mutter vorgekommen war. Ihre immer wadenlangen Röcke lassen mich an die rückwärtsgewandten unter den russlanddeutschen Frauen oder an Diakonissen denken, in deren Kleiderschränken eine Hose vermutlich ebenso wenig zu finden ist wie in der Garderobe unserer neuen Führungskraft. Darüber trägt sie längere Blusen, die, im Rock getragen, bei geschätzter Kleidergröße 50 wohl einen allzu unvorteilhaften Eindruck hinterlassen würden. So wirkt es auch nicht gerade vorteilhaft, kaschiert aber zumindest in Ansätzen die breiten Hüften. Flache Gesundheitsschuhe mit

Gummisohle à la Wörishofen sowie eine Strumpfhose mit mindestens 40 den in Amber oder Umbra, jedenfalls in einer undefinierbaren, unauffälligen Farbe, die früher in der Grundschule im Tuschekasten immer bis ganz zuletzt übrig blieb, runden das Gesamtbild ab. Für die Haare, weder lang noch kurz und unterstützt durch eine leichte Dauerwelle, zeichnet vermutlich ein Damensalon in städtischer Randlage verantwortlich, und das Brillengestell kommt bestimmt vom Optiker gleich nebenan. Dass sie immer ungeschminkt auftritt, ist demnach nur folgerichtig. An diesem äußeren Erscheinungsbild hat sich seit Jahren nichts verändert. Ich habe die Frau nie anders gesehen. Man könnte ihr Outfit als individuellen Stil bezeichnen, wenn es dafür nicht zu schlecht wäre.

Auf Meetings hält sie ihre Präsentationen im Sitzen hinter einem kleinen Tisch. Alle anderen Vortragenden stehen an einem Rednerpult. Bleierne Textungetüme erschlagen die Zuhörerschaft. Ich vermute, dass ihre Vorträge in fachlicher Hinsicht immer tadellos sind, kann das aber nicht mit Bestimmtheit sagen, da es mir nie gelungen ist, ihren Worten über das Anfangsstadium hinaus zu folgen. Es ist einfach immer sterbenslangweilig.

Wieso macht man eine solche Person zu einer Führungskraft, von der man doch neben fachlicher Eignung auch verlangt, dass sie nach innen und außen kommunizieren und das Unternehmen darüber hinaus repräsentieren kann? Das steht in jeder Stellenbeschreibung für Führungskräfte. Wieso also diese Frau, die in Auftreten und Aussehen eine komplette Fehlbesetzung darstellt? Als eine weitere Stelle im Management von einer ganz ähnlichen Frau besetzt wurde, begann ich zu begreifen, dass der Wahnsinn Methode hat.

Frauen wie sie sind für das Unternehmen berechenbar. Änderungen sind grundsätzlich ausgeschlossen. Ein Jobwechsel, eine wilde Liaison, die Gründung einer Familie oder auch einfach nur ein paar schräge, unangepasste Gedanken, das kommt bei ihnen einfach nicht vor. Es gibt für sie kein Leben neben der Arbeit. Die Arbeit ist ihr Leben. Und wenn sie fachlich in der Lage sind, ihren Job halbwegs gut zu machen, ist das für das Unternehmen einfach nur ideal. Unwägbarkeiten gibt es nicht, und da nimmt man es offenbar im Gegenzug in Kauf, dass diese Frauen nicht fähig sind, das Unternehmen in der Öffentlichkeit adäquat zu repräsentieren.

Meine Schilderung der neuen Kolleginnen, die stellenweise überzeichnet und boshaft wirken mag, hat eine Ursache. Sie gehören zu den wenigen Frauen in Führungspositionen, und so wie sie sind, will ich nicht sein. Ich weiß, dass ich sie auf ihr Erscheinungsbild reduziere und ihnen damit nicht gerecht werde, und doch kann ich nicht anders. Es geht mir einfach zu nah. An anderer Stelle habe ich geschildert, warum man als blonde Schönheit nicht unbedingt die besten Voraussetzungen hat, um im Unternehmen ganz nach oben zu kommen, aber so habe ich es nun auch nicht gemeint. Es geht mir nicht um ihre Körperfülle. Ich kenne dicke Frauen, die attraktiv und witzig sind, und Schönheiten ohne Ausstrahlung. Bei meinen neuen Kolleginnen stimmt nur eben gar nichts. Und ich frage mich: Gehöre ich zu diesem Club? Wirke ich ebenso auf meine Umwelt? Die Frauen sind nett, unattraktiv, gelten als «Mauerblümchen», die nie einen Partner hatten geschweige denn haben werden, haben unheimlich viel Zeit für die Arbeit, sind dankbar für die Aufgabe, mit der man sie betraut hat, und zeigen ihre Dankbarkeit durch unermüdlichen Einsatz, haben keine großen Ansprüche (ihr Gehalt dürfte erheblich unter dem ihrer männlichen Vorgänger liegen, da bin ich mir sicher). Ihr Job ist ihr Lebensinhalt – mangels Alternativen. Ich vergleiche mich mit ihnen und entdecke Übereinstimmungen in Größe, Statur, Nettigkeit, Bescheidenheit, familiärer Situation. Das sind nicht wegzudiskutierende Fakten. Das macht mich unglaublich deprimiert. Ich weiß schon, dass es auch Unterschiede gibt, aber es sind die Parallelen, die mir Angst machen. Zwar falle ich auf, doch bin ich nicht der Typ Frau, der Männern auf Anhieb gefällt. Allein diese Tatsache rückt mich in die Nähe meiner Kolleginnen.

An einer Tagung von rund 50 Führungskräften unseres Unternehmens nimmt neben mir auch eine der beschriebenen Damen teil. Ich ertappe mich dabei, wie ich mich von außen betrachte und zu erkennen meine, dass wir beide einem identischen Frauentyp angehören. Die Männer sind ganz unterschiedlich in ihrem Aussehen, wir Frauen kommen mir auf einmal so gleich vor. Ich drehe fast durch, als mir der Gedanke durch den Kopf geht.

Vielleicht rührt die Panik, die ich darüber empfinde, auch daher, dass ich vor einigen Jahren den beiden Kolleginnen äußerlich noch sehr viel ähnlicher war, als es heute der Fall ist. Ich erkenne mich ein Stück weit in ihnen wieder. Bis auf die Röcke. Immerhin. Meine Art, mich zu kleiden, und meine Frisur habe ich schon vor einigen Jahren radikal verändert. Ich wollte ganz bewusst anders aussehen, fand mich selbst zu unauffällig. Jetzt sehe ich mich wieder mit dem Problem konfrontiert. Ich habe Angst davor, dass mich jemand mit den Neumanagerinnen in einen Topf werfen könnte, mich so sieht, wie er sie sieht. Eine vermutlich ohne Hintergedanken gemachte Bemerkung eines Kollegen, ich würde mich ja sicherlich über die weibliche Verstärkung auf der Führungsebene freuen, sei nun nicht mehr so alleine als einzige Frau auf weiter Flur, lässt mich aufschrecken. Bin ich für ihn wie sie? Ich entscheide, etwas zu ändern. Ich will beweisen, dass ich anders bin, will mich sichtbar abgrenzen.

Gelingt mir das nicht, schließe ich auch extreme Reaktionen nicht aus. Eher das Unternehmen verlassen, als mit diesen Frauen assoziiert zu werden, denke ich. Ich fühle mich physisch unwohl bei dem Gedanken, dass mich jemand mit ihnen gleichsetzen könnte. Mag sein, dass es Gemeinsamkeiten zwischen ihnen und mir gibt. Auch ich kenne die große Leere nach der Arbeit, das Unerfülltsein, das durch Arbeit kompensiert wird. Aber ich nehme die Leere nicht an, ich erwarte mehr vom Leben. Ich will mehr. Und ich bin im Gegensatz zu den Frauen nicht ungefährlich und anspruchslos, ich bin anders. Ich muss das Gefühl loswerden, dass mich etwas mit ihnen verbindet. Koste es, was es wolle.

Manege frei!

Wie ich versuche, im Machtspiel meiner Kollegen zu bestehen

Die Handvoll Männer, die in unserem Unternehmen eine vergleichbare Position bekleidet wie ich selbst, treffe ich wöchentlich auf internen Meetings. Wir kennen uns gut und sind einander eigentlich zugetan. Eigentlich. Hin und wieder kommt es vor, dass wir in einer Sachfrage unterschiedlicher Meinung sind. Die Diskussion nimmt Fahrt auf, der Ton wird lauter, es geht heiß her. Dagegen habe ich erst mal nichts einzuwenden.

Ist eine schnelle Einigung aber nicht in Sicht, weil sich niemand von den Argumenten der anderen überzeugen lässt, ändert sich die Tonlage, versuchen es die Herren mit der Demonstration purer Macht: «Das, was du vorhast, wirst du mit mir niemals erreichen. Niemals! Dass das ein für alle Mal klar ist!» Je nach Typ werden einzelne Kollegen sehr persönlich in ihren Angriffen, sie richten ihre Zeigefinger drohend auf mich und andere, sie schlagen mit der Faust auf den Tisch, sie schreien. Mir als Frau gegenüber spielt ein außer sich geratener Kollege seine vermeintliche Autorität besonders deutlich aus, in Bezug auf mich geschieht das ein Stück weit mehr von oben herab als unter Männern. Der Ausnahmezustand scheint für den einen oder anderen die willkommene Gelegenheit bereitzuhalten, mir zu signalisieren, dass ich so ganz gleichberechtigt eben doch nicht bin.

Ein Mann, von einem Kollegen auf ähnliche Art herausgefordert, reagiert darauf mit einem identischen Verhalten; er bäumt sich auf und wütet möglichst unbeherrscht. Je lauter, desto besser. Vom Tonfall her ist man von einer festgefahrenen Verhandlung mit einem anstrengenden Kunden nicht mehr weit entfernt, doch hier geht es nicht um Geld. Hier will der Mann sich mit seinem Standpunkt durchsetzen, gegenüber seinen männlichen Kollegen und erst recht und auf jeden Fall gegenüber der einzigen Frau.

Auch mich können vorgetragene Argumente, deren Sinnhaftigkeit sich mir nicht erschließt, in entsprechend geladener Atmosphäre auf die Palme bringen, besonders dann, wenn Erwiderungen nicht zugelassen werden. Im Gegensatz zu den Männern kann ich meine aufkommende Wut aber nicht ungefiltert herauslassen. Eine Frau, die sich wie eine Furie aufführt, wird abgeschrieben. Eine Frau kann einem Mann nicht drohen, ohne dass ihr dieses Verhalten dauerhaft negativ anhängt. Tut sie es einfach nur den Männern gleich und tobt in schöner Regelmäßigkeit, führt das unweigerlich zur Kündigung. Ich kenne Frauen, die diesen Weg gegangen sind. Wer als Frau nicht einsehen will, dass der Habitus des wild um sich schlagenden Silberrückens dem Mann vorbehalten ist, bezahlt das mit dem Verlust des Jobs. Ein- oder zweimal konnte ich mich einfach nicht beherrschen und schlug wütend mit der flachen Hand auf die Tischplatte – um dann den Besprechungsraum umgehend zu verlassen. Das wirkte immerhin in dem Sinne deeskalierend, als dass an eine Fortsetzung der Diskussion an diesem Tag nicht mehr zu denken war. Ein gutes Gefühl hat dieser eruptive Zwischenfall bei mir aber nicht hinterlassen. Ich meine eigentlich, dass ich in Konfliktsituationen angemessener und damit besser agieren kann als dort geschehen.

Ich frage mich also immer wieder, wie ich als Frau auf aggressives und anmaßendes Verhalten der männlichen Kollegen reagieren kann, um mit meiner Meinung im Rudel der Alphatiere zu bestehen. Ängstliches Zurückweichen, welches dem brüllenden Mann ein «Bitte tu mir nichts!» signalisieren würde, scheidet nicht nur aus, weil ich mich nicht klein machen will. Es würde den Choleriker, der sich in der Position des Überlegenen wähnt, in diesem Gefühl noch bestärken.

Entgegnungen wie «Du kannst so viel herumschreien, wie du willst. Ich weiche keinen Deut zur Seite. Was du da erzählst, ist kompletter Blödsinn. Vergiss es einfach!» sind ebenfalls nicht zielführend. Dieser Variante bedienen sich viele Männer, was dann dazu führt, dass die Aggressivität des anderen noch weiter angestachelt wird. Damit begibt man sich in eine Spirale der Eskalation, von der schon an anderer Stelle die Rede war. Die Möglichkeit eines Kompromisses ist dadurch für diesen Tag verpasst, die Gemüter müssen sich erst mal wieder beruhigen, bevor man sich des Themas noch einmal annehmen kann. Die geringen Erfolgsaussichten einer Reaktion auf gleichem Aggressionsniveau sind aber nicht der einzige Grund dafür, dass es aus meinem Wald nicht so herausschallt, wie hineingerufen wurde. Ich habe einfach Angst davor, was passieren könnte, wenn ich meinem Ärger einmal freien Lauf ließe. Männer, die sich bis zum Scheitern des Gespräches verbal bekämpfen, können nämlich nach einer gewissen Unterbrechung weiter normal zusammenarbeiten. Ihr Verhältnis ist von der Konfrontation nicht dauerhaft erschüttert worden. Bei Frauen ist das meiner Erfahrung nach anders. Wenn sie sich einmal dazu haben hinreißen lassen, die Kontrolle über ihr Verhalten komplett aufzugeben, bleibt hinsichtlich der Beziehung zu ihrem Gegenüber ein Dorn für immer. Entgleitet ihnen eine Situation, fällt es ihnen ungeheuer schwer, den Zwischenfall nach einiger Zeit für sich abzuhaken und in der Beziehung zu dem oder der anderen zur Normalität zurückzufinden. Weil ein unangenehmes Gefühl in Bezug auf den anderen bleibt, sind Frauen bemüht, es gar nicht erst so weit kommen zu lassen. Das Wissen darum, dass nach einem von mir zu verantwortenden Dammbruch in Bezug auf einen Kollegen nichts mehr so wäre wie zuvor, lässt mich moderat auftreten.

Die Möglichkeiten für Frauen, in einem aggressiven Umfeld zu bestehen, sind also begrenzt. Ich habe gute Erfahrungen damit gemacht, auf die laut auf mich einbrüllenden Kollegen mit Ruhe zu reagieren. Je lauter sie schreien, desto leiser werde ich. Ich versuche, mein Gegenüber zu beruhigen, indem ich möglichst sachlich bleibe und das uns in dieser Sachfrage Verbindende hervorhebe. Ich verweise dann zum Beispiel darauf, dass es uns sicher gelingen werde, eine gemeinsame Lösung zu finden – wie uns das in den vergangenen Jahren ja auch immer geglückt sei. Er kann schreien, so viel und so lang er mag: Ich spreche in ruhigem Ton zu ihm, lege Redepausen ein und halte immer Blickkontakt. Ich bestätige ihn weder in seinem Standpunkt noch stelle ich seine Position als per se inakzeptabel hin, denn ist er gerade besonders echauffiert, macht es keinen Sinn, ihn mit meinen Argumenten zu konfrontieren, die er in seinem jetzigen Erregungszustand in Bausch und Bogen vom Tisch fegen würde. Wenn ich nur ruhig bleibe, erschöpft sich seine Wut nach einiger Zeit wie von selbst. Was übrig bleibt, sind seine Argumente, die ich dann erst aufgreife. Wir beide gehen aus der Konfrontation ohne Gesichtsverlust heraus; ich habe mein Gegenüber als ernst zu nehmende Person trotz seines unbeherrschten Verhaltens nicht in Frage gestellt, ohne mich ihm selbst unterzuordnen. Wenn es ihm nicht mehr primär darum geht, mich als Gesprächspartnerin zu vernichten, können wir uns nämlich dem eigentlichen Streitthema zuwenden. Dann hat er vielleicht auch wieder für meine Sicht der Dinge ein offenes Ohr.

Der Weg zu dieser Art des kontrollierten Verhaltens ist mir nicht leichtgefallen. Von meinem Temperament her bin ich ziemlich emotional veranlagt, und in der Vergangenheit ist es besonders in meinem Privatleben manchmal vorgekommen, dass ich laut und unbeherrscht aufgetreten bin. Im Job habe ich das schnell als inakzeptabel erkannt. Ich kann mich zurückhalten, auch wenn mir eigentlich nach Auf-den-Tisch-Hauen wäre. Hilfreich war für diese Entwicklung sicher auch mein cholerisch veranlagter Vater, der innerhalb von Sekunden völlig außer sich geraten und dann auch handgreiflich werden konnte. Meine Brüder ergriffen die Flucht, meine Mutter schrie zurück. Beruhigt hat ihn weder das eine noch das andere Verhalten. Ich habe alles Mögliche versucht im Umgang mit ihm, vieles davon ging schief. Über die Jahre kristallisierte sich die Methode heraus, mit der es mir gelang, ihn innerhalb kürzester Zeit zu beruhigen. Irgendwann funktionierte das so gut, dass meine Mutter und meine Geschwister mich sofort riefen, wenn mein Vater die Kontrolle über sich selbst zu verlieren drohte. Diese Methode erweist mir heute gute Dienste, wenn es um den Umgang mit temporär cholerischen Topmanagern geht. Wozu es manchmal gut ist.

Majestätsbeleidigung

Verhandeln im Schwarzmeerraum

Mit einem unserer Geschäftspartner im Schwarzmeerraum war es zu Differenzen gekommen, die sich auf fernmündlichem Weg nicht mehr beseitigen ließen. Ich flog also hin, um die Sache im persönlichen Gespräch wieder in Ordnung zu bringen.

Mein Gesprächspartner war mir von einem früheren Besuch persönlich bekannt. Wir hatten damals eine Firma außerhalb der Hauptstadt des Landes besichtigt, was sich bis in den Nachmittag hinzog. Für den frühen Abend war ein Termin am anderen Ende der Stadt vereinbart. Die Straßen waren voll, überall Stau, Feierabendverkehr eben. Ich war mir sicher, es würde Stunden dauern, die Stadt zu durchqueren; den Anschlusstermin könnten wir uns getrost abschminken. Doch plötzlich tauchten hinter uns Polizeiautos mit Blaulicht auf, die sich vor unserem Fahrzeug einreihten und uns den Weg freimachten. An jeder Kreuzung, die wir passierten, hielten Polizisten den Verkehr für uns an, und in nicht einmal einer halben Stunde hatten wir, von der Polizei eskortiert, unseren Zielort erreicht. Es war so, als ob die ganze Stadt still stand, damit wir freie Fahrt bekamen. Die Kollegen aus Deutschland, mit denen ich unterwegs war, waren erst sprachlos und dann völlig begeistert. Unser Gastgeber erklärte, so ungewöhnlich sei das nun nicht. Bei besonderem Zeitdruck würde er auf die Hilfe der Polizei zurückgreifen.

Später im Hotel trafen wir Geschäftsführer anderer in der Stadt ansässiger Unternehmen, von denen einer zu später Stunde Anekdoten aus dem Bereich seiner privaten Haushaltsführung zum Besten gaben. Eine «Haushälterin» vorzugsweise aus einem osteuropäischen Land sei in seiner Position Standard, so wurden wir belehrt, noch besser käme man mit zwei dieser Damen zurecht. Vom Staubsaugen bis zur Massage und noch darüber hinaus könne man sie einsetzen, und im Gegensatz zur eigenen Ehefrau, immer anspruchsvoll und dann meistens auch noch zickig, sei der Umgang mit diesen Haushälterinnen überaus befriedigend. Meine männlichen Kollegen zeigten die gleichen Reaktionen wie nachmittags bei unserer Fahrt durch die Stadt: Sprachlosigkeit wich nach einigen Minuten purer Begeisterung. Ob wir da jemandem auf den Leim gegangen waren, der doch nur Jägerlatein verbreitete, ist nicht so wichtig. Entscheidend war, dass er Phantasien, die in manchen Männerköpfen existieren mögen, wie gelebte Realität erscheinen ließ.

Mir zeigte der Besuch, welchen Stellenwert ein bekannter Firmenchef in diesen Ländern hat. Er ist so ungeheuer wichtig, dass man Straßen für den Verkehr kurzzeitig sperrt, nur damit er ohne Verzögerungen passieren kann. Welche Idee von der eigenen Person, von der eigenen Bedeutung hat jemand, der veranlassen kann, was in Ländern Westeuropas nur im Fall eines Staatsbesuches zum Beispiel des amerikanischen Präsidenten eintritt? An Minderwertigkeitskomplexen dürfte er vermutlich nicht leiden.

An das Selbstbild meines Gesprächspartners und die Probleme, die sich daraus ergeben könnten, dachte ich allerdings nicht, als ich zu meinem neuerlichen Besuch dort eintraf. Ich wurde mit vollendeter Höflichkeit empfangen, wenn sich der Herr auch etwas erstaunt darüber zeigte, dass ich als Frau die Befugnis besitzen sollte, mit ihm auf Augenhöhe zu verhandeln. Das wiederum überraschte mich, da ich annahm, dass man in vormals kommunistischen Ländern vielmehr an Frauen auch in Männerberufen gewöhnt sei, als das im Westen der Fall war. Ich dachte also an Traktorfahrerinnen und Frauen auf dem Bau, aber nicht mehr daran, dass mein Gesprächspartner bei unserem ersten Besuch nebenbei hatte verlauten lassen, Frauen gehörten für ihn an den Herd.

Wie auch immer, ich konnte mich über die Behandlung vor Ort überhaupt nicht beklagen. Man hofierte mich auf Schritt und Tritt. Man gab den Kavalier der ganz alten Schule. Man führte mich zum Essen aus. Im Restaurant tanzte eine Folkloregruppe in landestypischer Tracht, während uns diverse regionale Spezialitäten mundeten. Ständig erkundigte sich mein Gastgeber, ob denn auch alles zu meiner vollsten Zufriedenheit sei: «Schmeckt es Ihnen denn, Frau A?» «Noch etwas Wein, Frau A?» Mit einiger Mühe brachte ich das Gespräch auf das Geschäftliche und erklärte, warum wir uns in einem entscheidenden Punkt seiner Position nicht anschließen könnten und ihn daher bitten würden, dem von uns vorgeschlagenen Verfahren im Interesse aller Beteiligten zuzustimmen. Während ich wortreich versuchte, ihm unsere Sichtweise möglichst diplomatisch nahezubringen, beschlich mich immer wieder das Gefühl, dass er mich einfach nur reden ließ, ohne auch nur im Mindesten auf das einzugehen, was ich im Namen unserer Firma von ihm verlangte. Seine plötzliche Einwilligung überraschte mich daher positiv, und als ich ihn und sein Land in der Gewissheit verließ, mein Ziel erreicht zu haben, wischte ich die Zweifel weg und war mir sicher, die Angelegenheit ad acta legen zu können.

Kaum wieder in Deutschland, erreichte mich der Anruf meines aufgebrachten Chefs:

– Sagen Sie mal, Frau A, waren Sie nicht gerade erst da unten, um sich der Sache anzunehmen? Wie kann es dann sein, dass die so weitermachen, als wäre nichts geschehen?

– Das ist unmöglich! Es muss sich um ein Missverständnis handeln. Ich kümmere mich darum und rufe Sie zurück.

Mein Gesprächspartner aus dem europäischen Südosten, bei dem ich höflich nachfragte, ob es eventuell sein könne, dass an einer Stelle jemand versehentlich eine falsche, weil nicht mehr dem neuesten Stand entsprechende Information an meinen Vorgesetzten weitergeleitet habe, welche ja, das würde er ebenso gut wissen wie ich, nicht zu dem passen würde, was wir vereinbart hätten, unterbrach mich in ebenso höflichem Ton:

– Meine liebe Frau A, das hat alles seine Richtigkeit.

– Aber wir haben das doch ganz anders besprochen, als ich bei Ihnen war. Bitte bringen Sie das schnell in Ordnung.

– Dafür gibt es gar keinen Grund.

– Ich bitte Sie. Sie haben doch der Vereinbarung zugestimmt!

– Was wollen Sie eigentlich, Frau A?

Zwei Tage der Suche nach Übereinstimmung – für die Katz. Unsere Einigung – ohne Belang. Im Tonfall stets verbindlich, sagte mir hier jemand ins Gesicht, dass ihn nicht im Mindesten interessiere, was wir vereinbart hatten. «Hier bestimme ich und sonst niemand», das war die Botschaft, die ich vernehmen sollte. Er fühlte sich wichtig und war es in seinem Land faktisch auch. Da wollte er sich von dieser Frau A sicherlich nicht sagen lassen, was er zu tun und zu lassen habe. Mein Gefühl, bei meinem Besuch nicht recht ernst genommen worden zu sein, hatte mich nicht getäuscht.

«Lass die mal reden. Wenn sie wieder weg ist, mache ich es sowieso ganz anders.» Genauso war's.

Ich regte mich kurz auf, was er, immer noch formvollendet im Umgang, parierte, indem er mich vor die Wand laufen ließ. Dann probierte ich es mit kühler Autorität. Ich drohte ihm für den Fall der Nichterfüllung mit Konsequenzen und betonte, dass meine Meinung in diesem Fall mindestens so viel zähle wie die seinige: «Setzen Sie den Beschluss also bitte umgehend um. Vielen Dank.»

Dann kamen die Drohbriefe. Meterlange Tiraden, in denen er ausführte, dass jemand, der so unglaublich unfähig sei wie ich, in seiner Heimat nicht die Spur einer Chance hätte. Im harmlosesten Fall würde so jemand fristlos entlassen, wahrscheinlicher wäre es, dass er sich im Gefängnis wiederfände. Er bemühte seine Großmutter als Beispiel dafür, wie es mit der Ökonomie in seinem Land bestellt sei, und betonte, ich hätte das alles natürlich nicht einmal im Ansatz begriffen. Im Übrigen hoffe er, dass ich meine Waffe gezückt hätte. Er selbst sei zum Kampf bereit. Und warm anziehen solle ich mich außerdem.

Auf die ersten Briefe dieser Art reagierte ich noch unter Zuhilfenahme von Deeskalationsstrategien, von denen ich auf Seminaren gehört hatte. Geh auf ihn ein und entkräfte seine Argumente, riet ich mir selbst. Ich habe es versucht und bis hin zur Wirtschaftskraft seiner Oma jedes seiner Argumente kritisch bewertet. Die Theorie versagte, die Wirkung verpuffte. Zurück kam ein seitenlanges Pamphlet mit weiteren Vorwürfen.

Nach einiger Zeit wurde ich seiner Briefe überdrüssig. Ich ignorierte sie. Mein Chef unterstützte mich in meinem Bemühen, dass unsere Übereinkunft in diesem südosteuropäischen Land Bestand haben sollte, so dass der Briefeschreiber sie wohl oder übel umsetzen musste. Ich wandte mich also wieder anderen Aufgaben zu, bis eines Tages die Anrufe aus verschiedenen Abteilungen unserer Firma einsetzten, die sich beunruhigt bei mir erkundigten, was denn zwischen mir und unserem südosteuropäischen Geschäftspartner vorgefallen sei. Er würde sich bitterlich bei ihnen über mein Fehlverhalten beschweren und nicht ausschließen, dass dieser Vorfall negative Auswirkungen auf unsere zukünftige Geschäftsbeziehung mit ihm haben könnte. «Was haben Sie denn da bloß im Osten angerichtet, Frau A?»

Ich konnte die Kollegen beruhigen. Unser geschäftlicher Kontakt zu dem Unternehmen dieses Herrn ist nicht abgebrochen. Die Flut der Drohbriefe versiegte nach einiger Zeit. Es trat Stille ein.

Ein paar Monate später traf ich den besagten Herrn zufällig auf einem Meeting. Ich befürchtete Schlimmes, wurde aber von ihm mit überbordender Herzlichkeit begrüßt. Ganz Gentleman, erkundigte er sich nach meinem werten Befinden und überschüttete mich mit Komplimenten. Etwas verdattert forschte ich nach den Gründen dieser wundersamen Wandlung. Offenbar hatten sich trotz oder wegen unserer Vereinbarung seine Geschäftsergebnisse sehr positiv entwickelt, so dass die gegen mich gehegte Wut verflogen war. Nun ja, nachtragend war er nicht, immerhin.

Ein Kind?

Wenn sich die Familienplanung
im Geheimen abspielt

Irgendwann, wir waren schon einige Zeit zusammen, keimte bei meinem Freund und mir der Wunsch auf, ein Kind zu bekommen. Er wurde immer stärker, und so setzte ich nach 20 Jahren Verhütung die Pille ab und stellte mich auf eine längere Wartezeit ein, denn so schnell klappt es dann ja meistens nicht mit der Schwangerschaft. Doch bei mir war es anders: Es dauerte nicht lange, und ich war schwanger. Sofort war mir klar, dass ich im Unternehmen mit keinem Menschen darüber sprechen würde. Dafür war es noch viel zu früh, es konnte noch alles Mögliche passieren auf dem Weg zum Kind. So war es dann auch. Nach einigen Wochen wurde klar, dass sich in meiner Gebärmutter nur eine leere Hülle gebildet hatte, die nun mittels einer Ausschabung entfernt werden musste. Ich vereinbarte für diesen ambulanten Eingriff also einen Termin, hatte tags zuvor aber noch eine wichtige Verhandlung auf der Agenda, deren Vorbereitung mich ganz schön in Anspruch nahm.

Mitten in der aufgeheizten Stimmung der Verhandlung merkte ich plötzlich, dass etwas nicht stimmte. Schnell begab ich mich in die Toilettenräume, wo ich ein wahres Blutbad anrichtete. Mein Körper hatte die leblose Hülle selbst herausgespült. Mit meinem Arzt zu telefonieren oder gar zu ihm zu fahren kam nicht in Frage, dafür stand im Verhandlungsraum zu viel auf dem Spiel. Ich konnte höchstens ein paar Minuten fehlen. Ich brachte mich also notdürftig wieder in einen präsentablen Zustand und ging zurück. Irgendwie führte ich die Gespräche einem Ende zu, das für unser Unternehmen nicht gerade herausragend, aber doch leidlich akzeptabel war. Ich war physisch und psychisch am Boden. Beim Verlassen des Verhandlungsraumes gab mir ein Kollege zu verstehen, dass ich auch schon mal einen besseren Auftritt gehabt hätte. So richtig überzeugt hätte ich ihn heute in der Verhandlung nicht.

Nach dieser Episode wurde ich einfach nicht mehr schwanger. Mein Freund und ich versuchten zwar, ideale Tage für die Befruchtung zu berechnen und uns an diesen auch zu treffen, was organisatorisch nicht immer leicht war, da wir wochentags in verschiedenen Städten wohnten, die ein paar Hundert Kilometer auseinanderlagen. Der Aufwand war erheblich, blieb aber ohne Erfolg. Da es auf natürlichem Weg also offenbar nicht funktionierte, wollten wir es mit künstlicher Befruchtung versuchen. Der Arzt empfahl mir schon bei unserem ersten Besuch, meinen Arbeitgeber über mein Vorhaben zu informieren, da ich ständig abrufbar sein müsse und dies den Berufsalltag natürlich beeinträchtigen werde. Tatsächlich kann der ideale Zeitpunkt der Eientnahme täglich sein, es ist schlecht möglich, diesen Termin lange vorher zu berechnen. Ich habe meinen Arbeitgeber trotzdem nicht in Kenntnis gesetzt, wohl wissend, dass allein der offen geäußerte Wunsch, eine Familie zu gründen, das Ende meiner Karriere bedeutet hätte – auch wenn es mit der Schwangerschaft nicht geklappt hätte. Schlimmstenfalls hätte das dann für mich ohne Kind und ohne Job ausgehen können. Wenn sich also ankündigte, dass eine Eientnahme am nächsten Tag günstig wäre, habe ich die Prozedur mal eben morgens vor dem Frühstück hinter mich gebracht, um mich dann ins Büro oder ins nächste Flugzeug zu begeben. Keiner hat etwas davon gemerkt. Das Einpflanzen der befruchteten Eizellen erledigte ich ebenso unspektakulär in der Mittagspause. Im Nachhinein wundert es mich allerdings auch nicht, dass ich auf dem Weg der künstlichen Befruchtung nicht schwanger geworden bin. Wenn man das vorhat, braucht man Ruhe, und diese Ruhe habe ich mir nicht gegönnt.

Ich habe zweimal probiert, auf diese Art schwanger zu werden, jedes Mal ohne Erfolg. In dieser Zeit geht man durch psychische Höhen und Tiefen, denn immer wieder hofft man, dass es geklappt hat, und wird dann doch enttäuscht. An den entscheidenden Tagen habe ich ständig auf der Toilette Schwangerschaftstests durchgeführt. War ich morgens noch hoffnungsvoll, so schlug die Stimmung sofort um, als die Stäbchen sich nicht verfärbten. Meine Traurigkeit und Enttäuschung musste ich im Büro natürlich für mich behalten.

Daneben kam es in dieser Phase zu einer großen Anzahl von Arztbesuchen, die aber als solche nicht deklariert werden durften. Es war extrem belastend für mich, niemanden in der Firma in mein Vorhaben einzuweihen und in jeder wenn auch noch so deprimierenden Situation so zu tun, als ob nichts wäre. Aber auch aus heutiger Sicht glaube ich nicht, dass es für mich eine Alternative dazu gegeben hätte. Der Druck wäre noch größer gewesen, ich hätte mir zusätzlich noch Sorgen um meinen Job machen müssen. Natürlich war ich traurig, wenn sich die Hoffnung jedes Mal wieder zerschlug. Am Boden zerstört war ich jedoch nicht. Ich rappelte mich immer wieder ziemlich schnell auf. Es war mir immer klar, dass es, sollte ich kein Kind bekommen können, ein anderes Leben für mich gab, das mich auch erfüllen konnte.

Ein Kind!

Wie ich verhindern will,
dass der Nachwuchs unfreiwillig
mein Karriereende einläutet

Ich bin schwanger. Was nun?

Nachdem die erste, unmittelbare und riesige Freude darüber sich etwas gelegt hatte, kamen mir schnell Gedanken über meine Zukunft.

Wann gebe ich die Neuigkeit in der Firma bekannt? Wie wird man dort reagieren? Wie sage ich es meinem Chef? Und wie geht es für mich weiter, wenn das Kind auf der Welt ist? Ich saß vor einem Haufen Fragezeichen. Besonders das Gespräch mit meinem Vorgesetzten bereitete mir Kopfzerbrechen. Ich dachte an die Mitarbeiterinnen, die zu mir als ihrer Chefin gekommen waren, um mich über ihre Schwangerschaft zu informieren. Das Glück darüber war ihnen anzusehen. Mir war bei dem Gedanken daran eher unwohl. Ich hatte Angst.

Mit einer Freundin, mit der ich eine Woche gemeinsamen Urlaub verbrachte, versuchte ich mich mittels eines Rollenspiels auf das Gespräch vorzubereiten. Wir probten mehrere Varianten durch : «Ich muss Ihnen leider etwas mitteilen …» «Lass das ‹leider› weg», unterbrach sie mich. «Das macht gar keinen Sinn.»

Derart gecoacht und etwas zuversichtlicher fragte ich bei meinem Chef um einen Termin nach. Er war ständig unterwegs und schlug eine Videokonferenz vor, wenn es denn sehr dringend sei und man die Angelegenheit nicht am Telefon abhandeln könne. Ich gab ihm zu verstehen, dass ich ein Treffen in diesem Fall für sinnvoller halten würde, und als wir dann endlich einen Termin gefunden hatten, musste dieser aus beruflichen Gründen immer wieder verschoben werden. Mit fortschreitender Zeit kam ich immer mehr in die Bredouille. Ich musste unbedingt vermeiden, dass man mir die Schwangerschaft ansah, bevor ich sie bekannt geben konnte.

Schließlich klappte es doch noch. Mein Chef erschien am vereinbarten Tag, zwei Kollegen im Schlepptau. Meine Bitte, ihn zunächst unter vier Augen sprechen zu wollen, sorgte für einige Irritationen, was mich nicht gerade selbstsicherer werden ließ. Ich rief mir die zwei kurzen und prägnanten Sätze in Erinnerung, die ich eingeübt hatte: «Ich möchte Ihnen mitteilen, dass ich ein Kind erwarte. Mein letzter Arbeitstag vor dem Mutterschutz wird wahrscheinlich der 5. Oktober sein.» Kurze Stille. Dann: «Herzlichen Glückwunsch! Freuen Sie sich denn? Ihren jetzigen Job werden Sie nie wieder machen.» Das saß. Mir fehlten die Worte. «Verstehen Sie mich bitte nicht falsch», fuhr mein Vorgesetzter fort, «aber mit Kind in Ihrer Position, das ist nicht machbar.» Seine Worte trafen mich mit voller Härte. Von der Neuigkeit überrascht, war ihm keine Zeit geblieben, um seine Reaktion schonender zu verpacken. Es folgte ein kleiner Exkurs über die Frau als Mutter; er sei ja grundsätzlich dafür, dass jede Frau Kinder bekäme, habe aber bei der eigenen Gattin beobachten können, dass sich die Frauen an und für sich nach der Geburt ausschließlich um das Wohl der Kinder kümmerten. Da bleibe kein Platz für anderes, manchmal nicht einmal mehr für die Männer und ganz sicher nicht für lange Bürotage und Geschäftsreisen. Volkswirtschaftlich betrachtet sei das Kinderkriegen selbstverständlich höchst wünschenswert, daneben entspreche es der natürlichen Bestimmung der Frau. Die ganzen ollen Kamellen eben.

Vom Firmenchef hörte ich ähnlich Traditionelles. «Sie sind schwanger? Ich wusste ja gar nicht, dass Sie verheiratet sind!», waren seine ersten Worte, nachdem ich auch ihn über die bevorstehende Veränderung unterrichtet hatte. Er zeigte sich im weiteren Verlauf des Gespräches ebenso erfreut darüber, dass ich als Frau nun auch die Mutterrolle annehmen würde, und sprach über die Unvereinbarkeit meiner zukünftigen Aufgabe in der Familie mit dem Job im Topmanagement so, als ob darüber allenthalben Konsens bestünde. «Ihr ganzes Leben wird sich ändern!», gab er mir noch apodiktisch mit auf den Weg, eine Feststellung, die ein werdender Vater im Unternehmen niemals hört.

«Ihren jetzigen Job werden Sie nie wieder machen.» Diesen Satz habe ich so oder so ähnlich danach mehrfach gehört. Ich habe ihn noch nicht verdaut, er steckt wie ein Stachel in mir. Ab dem Zeitpunkt der Bekanntgabe der Schwangerschaft war alles anders. Ich war für die Kollegen und Vorgesetzten plötzlich abgemeldet, der Job auf Führungsebene schien bereits futsch zu sein, obwohl ich selbst nicht beschlossen hatte, mich beruflich zu verändern. Die Mutterrolle, so wurde mir in allen Gesprächen bedeutet, führe unweigerlich zum Karriereende.

Das ist in vielen europäischen Ländern bei Weitem nicht so. In Frankreich beispielsweise, wo Frauen in Führungspositionen generell häufiger anzutreffen sind als in Deutschland, lassen sich Karriere und Kinder viel leichter vereinbaren. Managerinnen, mit denen ich dort geschäftlich zu tun hatte, kehrten nach einer recht kurzen Zeit des Mutterschutzes in ihr Unternehmen zurück und setzten ihre Karriere dank des vom Staat geförderten flächendeckenden Betreuungskonzepts nahtlos fort. In Skandinavien ist man ebenfalls um die berufliche Gleichstellung von Müttern und Vätern bemüht, was Irritationen bei unserer Unternehmensführung auslöste, die das deutsche Modell in unsere Niederlassung dort exportieren wollte. Der schwedische Geschäftsführer vor Ort war ein paar Tage zu Hause geblieben, um sich um sein erkranktes Kind zu kümmern. Unsere Chefetage war außer sich: Handelte es sich hier nicht um eine Aufgabe der Kindesmutter? Beim anschließenden Kritikgespräch erläuterte der Schwede die Familienpolitik seines Landes, die Mütter und Väter ausdrücklich auffordert, sich der Versorgung und Erziehung ihrer Kinder zu gleichen Teilen zu widmen. Der deutsche Vorgesetzte reagierte mit Unverständnis und Ablehnung.

Für mich schien es also keine andere Option als das Karriereende zu geben. Mein Weg wurde ab sofort von anderen vorbestimmt, und dieser Weg sollte aus dem Rückzug ins Private bestehen. Andere Möglichkeiten ließen meine Gesprächspartner von vornherein nicht zu. Dieses Es-kann-doch-gar-keinen-anderen-Weg-geben und das Ausblenden von Alternativen, die es ja durchaus gibt und die ich auch hatte ansprechen wollen, ließen mich verstummen. Die Unvereinbarkeit von Kindern und Karriere hatte für meine Vorgesetzten den Rang eines Naturgesetzes; dem etwas entgegenzusetzen fiel mir anfangs schwer. Mit der Aussicht auf einen Teilzeitjob auf Sachbearbeiterebene oder eventuell als Projektmanagerin, beides nach Aussage meines Chefs auch von Frauen mit Familie gut zu bewältigen, entließ man mich.

Nachdem ich mich wieder ein wenig gesammelt hatte, fragte ich mich selbst, wie ich mir meine berufliche Zukunft eigentlich vorstellte. Natürlich wollte ich künftig mehr Zeit mit meiner Familie verbringen. Aber wollte ich wegen meines Kindes auch auf meine Karriere verzichten? War ich nicht gerade mit einem Kind auf ein gutes Einkommen angewiesen, weil ich für einen Menschen mehr zu sorgen hatte und diesem ein gutes Leben ermöglichen wollte? Ich rechnete die verschiedenen Optionen einmal durch. Mein Partner verdient wesentlich weniger Geld als ich, und es wäre geradezu absurd, wenn ich zu Hause bliebe und er der Alleinverdiener wäre. Würde ich das Angebot annehmen, eine halbe Stelle als Projektmanagerin in unserem Unternehmen anzutreten, verdiente ich gerade mal noch ein Viertel, bezogen auf mein jetziges Gehalt – um dann doch nicht mittags pünktlich den Stift fallen zu lassen, denn das klappt schon auf dieser Ebene nie. Zukünftig als Sachbearbeiterin oder Projektmanagerin tätig zu sein, schien mir auch aus anderen als finanziellen Gründen wenig verlockend. Es würde für mich den Abstieg um viele Ebenen bedeuten und käme mir wie eine Strafversetzung vor. Dabei hatte ich mir im Unternehmen nichts zuschulden kommen lassen, ich wollte nur ein Kind zur Welt bringen. Ich stellte mir vor, an einen gleichrangigen Kollegen würde das gleiche Ansinnen herangetragen, einmal abgesehen davon, dass kein Mann sich Sorgen um seine Karriere machen muss, nur weil er Vater wird. Es ist einfach nicht denkbar, einen Mann zurückzustufen, der einen guten Job macht. Doch auch ich wollte das nicht.

Mit der Zeit nahm der Gedanke, dass die Rückkehr ins Topmanagement für mich die beste Option wäre, immer mehr Gestalt an. Als Führungskraft habe ich keine starren Arbeitszeiten, ich kann Aufgaben delegieren und empfange ein Gehalt, das es mir erlaubt, eine Vollzeitkraft für die Versorgung von Haushalt und Kind einzustellen. Vielleicht entscheidet sich mein Partner auch dafür, im Beruf kürzerzutreten und mehr Zeit mit unserem Kind zu verbringen.

Selbst wenn er ganz aus dem Job aussteigen möchte, stellt uns das finanziell vor keine Probleme. Die Freiheiten, die man als Führungskraft hat, machen es einem eigentlich relativ leicht, Familie und Beruf unter einen Hut zu bringen. Problematisch war nur, dass diese Lösung nicht einmal als theoretische Variante im Vorstellungsvermögen meiner Vorgesetzten vorhanden war.

Lange Zeit war es mir nicht möglich, meine die Zukunft betreffenden Vorstellungen offen auszusprechen. Dabei wusste ich das Gesetz auf meiner Seite und war dadurch frei in meiner Entscheidung, wie es nach der Geburt weitergehen sollte. Ich war aber nicht rebellisch und habe den konservativen Äußerungen meiner Gesprächspartner nicht unmissverständlich widersprochen. «Ich setze ein paar Wochen aus, und dann geht es weiter wie zuvor. Sie sind im Übrigen mit der Rechtslage vermutlich vertraut. Reden Sie sich also nicht um Kopf und Kragen», solche Sätze fielen nicht. Mir wurde von Männern ein Weg gewiesen, den ich so nicht gehen wollte, und doch habe ich mich lange nicht entschieden dagegen gewehrt. Ich konnte es nicht, weil ein Teil von mir immer darüber nachdachte, ob sie nicht doch recht hatten. Vielleicht war es wirklich so, dass ich mit einem Kind einen vergleichbaren Job nicht mehr würde ausüben können. Mussten nicht entweder das Kind oder das Unternehmen darunter leiden, wenn ich den Spagat versuchte? Von meinem Elternhaus eher konservativ geprägt, ließ ich diese Gedanken an mich heran, sah mich entweder als Rabenmutter oder als Führungskraft, die ihre Aufgaben nur höchst liederlich erfüllt. Allein der Gedanke an den Wiedereinstieg verursachte mir ein schlechtes Gewissen.

Bewusstseinsverändernd hat die Tatsache auf mich gewirkt, dass über meine Zukunft von anderen entschieden wurde, ohne dass ich überhaupt nach meinen eigenen Plänen gefragt wurde. Diese Vorstellung konnte ich irgendwann einfach nicht mehr ertragen. Nach einer Phase des Abwägens war mir klar, welche Richtung ich einschlagen wollte: Ich wollte zeigen, dass eine Frau im Topmanagement mit Familie ihren Job weiterhin zur allgemeinen Zufriedenheit ausfüllen kann. Ich wollte die Tür für die Frauen in unserem Unternehmen wieder ein Stückchen weiter aufmachen, ein weiteres Mal vorausgehen auf dem Weg zur Gleichstellung in der Führungsetage.

Zum Schluss

Ganz oben – wie fühlt sich das für eine Frau im Topmanagement an? Welche Erfahrungen macht sie, wenn sie es bis an die männerdominierte Spitze eines großen deutschen Wirtschaftsunternehmens geschafft hat? Was bedeutet es, sich als Frau in dieser Männerwelt zu behaupten?

Das ungläubige Staunen, das ich erlebte, wenn ich etwas von meinen beruflichen Erfahrungen erzählte, ließen mich dieses Buch schreiben. Ich wollte davon berichten, wie sehr das obere Management noch von männlichem Denken geprägt ist. Manch ein Kapitel mag an Klischees erinnern, die als längst überholt gelten, die aber als Verhaltensformen in den heutigen beruflichen Männerreservaten in Deutschland gut überlebt haben. Ich habe das Buch geschrieben, damit auch Frauen mit Karriereabsichten sich konkret vor Augen führen können, was auf sie zukommt, um karrierehemmende Fehler vielleicht zu vermeiden. Dass Frauen in diesem exklusiven Männerclub grundsätzlich nicht willkommen sind, wird niemanden überraschen. Wer als Frau dort oben ankommt, wird zur unerwünschten Konkurrenz, denn eine weibliche Führungskraft hat ihre Fähigkeiten im Laufe ihrer Karriere mehr unter Beweis stellen müssen als jeder männliche Kollege. Frauen in Spitzenfunktionen der Wirtschaft verfügen über enorm viel Expertise; hätten sie auf der fachlichen Kompetenzebene an irgendeiner Stelle Schwächen gezeigt, wären sie gar nicht erst so weit gekommen.

Mein Interesse für andere hat mir in meinem beruflichen Alltag teilweise geholfen. Andererseits merke ich, wie ich mir manchmal selbst im Wege stehe, indem ich mich in bestimmten Situationen unangemessen verhalte, es beispielsweise an der nötigen Eindeutigkeit meiner Absichten vermissen lasse. Frauen stellen sich nicht selten selbst das Bein.

In jedem Fall erzählt dieses Buch davon, wie ich individuell und nicht ohne Weiteres verallgemeinerbar auf Zustände reagiere, die ihrerseits symptomatisch für die deutsche Führungsetage sind. Wenn wir also mehr Frauen im Topmanagement brauchen, dann nicht, weil sie die besseren Menschen sind; es geht vielmehr um die Durchsetzung der Gleichberechtigung zwischen beiden Geschlechtern in diesem Rückzugsgebiet männlicher Alleinherrschaft, in dem sich Rollenbilder erhalten haben, die einfach nicht mehr zeitgemäß sind. Hier Hand anzulegen ist nicht nur zum Nutzen karrierewilliger Frauen, auch die Unternehmen profitieren, denn wer die Hälfte der geeigneten Bewerber für das Topmanagement per se ausschließt, bekommt nicht unbedingt die Besten.